创 新 简 读

马克·道奇森(Mark Dodgson)
大卫·甘恩(David Gann) 著

李小丽 译

钮晓鸣 校

上海大学出版社
·上海·

图书在版编目(CIP)数据

创新简读/(澳)道奇森(Dodgson, M.),(英)甘恩(Gann, D.)著;李小丽译. —上海:上海大学出版社,2014.11
ISBN 978-7-5671-1474-6

Ⅰ.①创… Ⅱ.①道… ②甘… ③李… Ⅲ.①创造能力-研究 Ⅳ.①G305

中国版本图书馆 CIP 数据核字(2014)第 241361 号

上海市版权局著作权合同登记图字:09-2014-72 号
Published in the United States
by Oxford University Press Inc., New York
© Mark Dodgson and David Gann 2010
The moral rights of the author have been asserted
Database right Oxford University Press (maker)
First published 2010
All rights reserved.

版权引进　徐丽华
责任编辑　徐丽华
封面设计　倪天辰

创新简读

马克·道奇森(Mark Dodgson)　著
大卫·甘恩(David Gann)
上海大学出版社出版发行
(上海市上大路 99 号　邮政编码 200444)
(http://www.shangdapress.com　发行热线 021—66135112)
出版人:郭纯生

*

南京展望文化发展有限公司排版
江苏句容市排印厂印刷　各地新华书店经销
开本 850×1168　1/32　印张 6　字数 104 000
2015 年 1 月第 1 版　2015 年 1 月第 1 次印刷
ISBN 978-7-5671-1474-6/G·1705　定价:25.00 元

原　　序

　　尽管我和马克·道奇森不同姓,但我俩是兄弟。我非常了解他,包括他生活中的一些短处。虽然我不太清楚他与大卫·甘恩合著这本小册子的创作过程,但你们所看到的这本出版物确实写得非常好。

　　这本书告诉了我们一个迷人的故事,而且这个故事正变得日益重要。在全球科学和艺术领域,大家都期盼获得创新能力并实现价值:从本书中我读到创新在企业中的重要性,也了解到正是那些创新人才和具有前瞻思维的企业所制订的创新战略,对我们已经改变和继续改变着的生活有着多么深远的影响。本书不仅会吸引诸多的企业精英,也会对如何管理世界饱含智慧和兴趣的每一个人都充满吸引力。

菲利普·普尔曼

(Philip Pullman)

前 言

我们出生的那个年代,距离现在还不太遥远,但那时没有信息技术,也没有生产电视机的公司,连坐飞机旅游也是非常稀罕甚至是奢侈的。我们父辈们所处的时代和当今社会有很大的差别,电视还没有发明,没有青霉素,也没有冷冻食品。我们祖辈们生活的年代没有内燃机、飞机、电影和无线电收音机。而我们的曾祖辈们所生活的世界里连电灯泡、汽车、电话、自行车、冰箱和打字机都没有,与现在相比,他们的生活也许更像罗马的农民。在相对不长的 150 年间,新产品和服务为我们的生活和工作环境带来了巨变。引起世界变迁的很大一部分原因就是创新。

本书将创新定义为把想法成功付诸应用,并且能够让我们非常深切地感受到其影响力。本书将会告诉大家创新是如何发生的?靠什么和由谁来激发创新?怎样寻求和组织创新?创新能带来怎样正面的和负面的结果?等等。本书还将说明,创新的本质是致力于社会和经济的发展,但是创新正面临着巨大的挑战,在遇到失败时会陷入困境。我们还会看到创新需要许多人作出贡献并且采取不同的形式,这就增加了创新的复杂性。本书提供了对创新过程的分析、为实施创新集聚资源的组织方法以及以多种形式展现的最终的创新成果。

我们不仅在组织机构的活动中发现了创新,而且也知道了如何去实施创新。当前,创新正在经历一个变革时期,很重要的一个激发因素就是应用了新的互联网和虚拟化技术,使我们可以获取分布在全世界的创新思想。潜在的创新资源也在急速增长,例如,当前科学家和工程师的数量已超过历史上的总和。此外,由于服务业在经济中占了主导地位,知识所有权(或使用权)甚至比有形资产更有价值,因此创新的重心也正在变化。创新更趋于国际化,一些重要的、新的创新源泉产生于中国、印度以及欧洲、北美和日本等工业发达国家以外的其他地方。基于过去一个世纪甚至更长时期以来创新发展历程，我们对创新认识的承受力作了探索，创新可能也会被用于令人不安的变革和引起动荡的场合中，这些事实将在未来的全球经济中得到印证。

本书前三章概述了什么是创新、创新的重要性以及创新的成果，余下的章节考察创新的贡献者以及他们组织创新的方法，研究他们是如何预测未来的。

我们对创新的理解基于对全世界无数创新组织的研究，我们从许多国际创新研究组织的学者身上获得了丰富的学习积累。非常感谢所有创新者以及致力于创新的学生们，他们赋予我们人生经历极大的激情和价值。特别要感谢两位伟大的创新者——欧文·沃拉达斯基-伯杰（Irving Wladawsky-Berger）和杰拉德·费尔特劳夫（Gerard Fairtlough），他们对我们的思想产生了深远的影响。

目 录

- 1 第一章 约舒亚·威治伍德：世界上最伟大的创新者
- 15 第二章 约瑟夫·熊彼特：创造性破坏的飓风
- 37 第三章 伦敦的摇摆桥：从失败中学习
- 48 第四章 斯蒂芬妮·柯欧拉克的新聚合物：从实验室到财富
- 99 第五章 托马斯·爱迪生的组织天赋
- 142 第六章 创建一个更智慧的星球？
- 167 参考文献
- 171 图示索引
- 172 关键词索引

第一章

约舒亚·威治伍德：
世界上最伟大的创新者

我们将从研究一个堪称创新者的楷模开始,他告诉我们很多创新者的历程。他建立了一个经久不衰的高品质公司,公司的产品、创造的生产方法以及为个人和客户带来的价值都是大量创新的体现。他也为国家的基础设施建设作出了巨大贡献,使地方工业经济蓬勃发展,引领了出口市场,并且对政府的政策起到了积极的影响。基于科学上的杰出贡献,他被选为英国皇家学会院士。他在市场方面有极高的天赋,在科学和艺术之间架起了一座创新的桥梁——工业设计。他最重要的贡献就是提高了他生活的那个年代里人们生活和工作的质量。他就是陶艺师——约舒亚·威治伍德(Josiah Wedgwood)(1730—1795)。

威治伍德出生于斯塔福德郡(Staffordshire)一个传统的陶工世家,是13个孩子中最小的一个。在他很小的时候,父亲就离开了人世。11岁时,他便开始学习制陶。不幸的是,孩童时的他得了天花,这对他的生活造成了很大影响。正如威廉·格莱斯顿(William Gladstone)所说,"他的疾病促使他心神向内,凝思艺术的奥秘与法则……形成具有他的……独特探究、追索、沉思和富有成效的心智模式"。

在威治伍德职业生涯的初期,他和很多伙伴合作研究了制陶工业从制造到销售的每个分支。29岁那年,他已掌握了制陶业的每个细节,并创办了自己的公司。

30多岁时,天花后遗症留下的腿疾给他造成了极大的障碍。于是,即便在当时既没有消毒剂也没有麻醉剂的情况下,他仍然选择了截肢。充满活力和激情的他,在手术后的那几天依然坚持写信。几周之后,他又遭受失去孩子的痛苦。但是就在手术之后不到一个月,他又回到了工作岗位。

到18世纪中叶,欧洲的陶瓷工业受制于中国的进口产品已近200年。中国人一千多年前发明的陶瓷技术,无论在材料还是上釉技术等方面都是无与伦比的。富人们极其珍视这

图1 世界上最伟大的创新者

些产品,但是对广大工人及平民来说就显得太昂贵了。而那一次工业革命使这批工人及平民的收入和需求得到增长,对中国制造业的贸易限制又使得进口到英国的陶瓷产品变得更加昂贵。通过创新制造出更有吸引力的、价廉物美的陶瓷制品,以满足巨大市场需求的时机已经成熟。

威治伍德是一个产品创新者,他在材料、上釉、色彩和产品设计上不断地思考创新。他做了大量的试错实验,不断地去除产品的瑕疵,提高产品质量,使结果更可预测。他最喜欢的座右铭就是"一切源于实验"。有一些创新是源于对现有产品的不断提升。例如,他把当时工业中已开发出的乳白色陶土做了新的改良,成为一种高质量、多用途的陶瓷,可以通过转轮、车床或浇铸成型。在为英国王室提供过一次餐具服务之后,夏洛特王后(Queen Charlotte)——乔治三世(George Ⅲ)的夫人——特许他以"王后御用瓷器(Queen's Ware)"为其陶瓷命名。还有一些创新更彻底,在经过5 000多次困难又昂贵的实验之后,1775年他成功制造出了一种命名为"浮雕玉石(Jasper)"的蓝色精品陶瓷,这是历史上自从陶瓷发明以来最伟大的创新之一。200多年后的今天,威治伍德公司依然还在制造他的这些主要创新产品。

在产品设计过程中,威治伍德一直和许多艺术家和设计师合作,其中包括家具制造商乔治·赫伯怀特(George Hepplewhite)、建筑师罗伯特·亚当(Robert Adam)和艺术家乔治·史塔布斯(George Stubbs)。威治伍德的另一个更大成就之一就是他把设计用于日常生活。例如,为著名的雕刻家约翰·弗莱克斯曼(John Flaxman)创作了墨水台、烛台、印章、杯具和茶壶等,使那些之前不起眼的产品变得优雅起来。

威治伍德从顾客、朋友甚至竞争者那里四处寻找设计创意。他探访博物馆、名人豪宅以及搜寻古董商店。上流社会妇女的业余艺术社交圈也是他一个很有价值的灵感来源。据19世纪的传记作者卢埃林·朱维特(Llewellyn Jewitt)介绍,威治伍德与很多艺术家共事的成功方法之一在于努力"通过与其他人才的碰撞,提高艺术家的想象力和表现力"。

威治伍德去世后,那时的英国首相威廉·格莱斯顿在一次演讲中是这样描述他的:

> 他最明显和最具特点的成就在于他对工业艺术真正的定律具有坚定和完整的理解,换句话说,就是将更高的艺术用于工业。这个定律教会我们要最大限度地实现物品的合理性与便利性,以满足其功能需求,然后使其成为达到最高完美境界的载体。美化的过程与物品的合理性及便利性彼此兼容,并无主次之分,人们要将其作为商业过程的一部分,从而研究两者之间的协调。

威治伍德把蒸汽电力引进工厂,是他在生产制造过程中的创新。工厂所在地斯塔福德郡的陶瓷业成为最先采用新技术的领域。蒸汽动力为产品制造过程带来很多改变。以前,原材料首先在遥远的磨坊里进行磨碎和混合,制成陶器后运输过来。采用蒸汽动力以后,可以现场进行这些工艺,大大缩减了运输成本。从前需要使用人力驱动的制胚旋胚工艺也可采用机械化装置来替代。技术的进步也提高了使用车床进行削割、刻画以及产品检测的效率,大大提高了产量。

威治伍德对产品质量的要求甚为苛刻。他花费了大量资金拆除并重建炉窑来提高产品质量。他不能容忍劣质产品的存在是出了名的,据说他让工厂砸碎不合标准的陶胚,并且在工作台上用粉笔写上了这么一句话——"这不是为威治伍德做的"。

为了控制陶瓷的生产过程,需要测量炉窑中的高温,这是件很困难的事情。威治伍德发明了一种高温温度计,用以记录这些温度。他也因为此项成就在1783年当选为英国皇家学会院士。

威治伍德公司许多最流行的产品批量大且造型朴素,但经过设计师装饰之后,便能反映出时代潮流。另外,威治伍德公司也专门制作批次不定的且颜色、风格、价格随市场变化很快的短期产品。他把一些产品的制造和雕刻分包出去,以减少存货。当太多的订单超过产能时,他就从其他陶制品厂进行采购。威治伍德创新的生产系统目的在于使业主的风险最小化，同时降低固定成本。他非常关注成本，有一次他抱怨说他的销售创历史最高，但是利润却是最少的。他研究成本结构，评估规模经济，他说："直到我们找到一套合适的方法使同类产品再次生产，在这之前尽量避免去接一次性订单。"

威治伍德在工作的组织方式上也是个创新者。他的组织创新方法被引入到原先沿用原始的工作方式、本质上是农民所从事的产业之中。威治伍德在建立斯塔福德郡的伊特鲁利亚（Etruria）工厂时，采用了劳动分工原理，其得到了同代人亚当·斯密（Adam Smith）的推崇。在以前的产品生产中，一个工人要完成整件产品的制作，而现在一个工人只专门负责整个生产过程中的一个具体环节，工作效率因此得到大大提高。产品技术流程的改进，使得艺术家们能够致力于改善产品设计的质量，促进了创新的蓬勃发展。他最引以自豪的是，他使艺术家成了一般的人。

威治伍德付给工人的工资要比当地平均水平略高，并且他投入大量资金对工人进行技能培训。但同时，他对"守时"的要求很高。工厂里设置了铃声用于召集工人，采用原始考勤系统，固定工作时间和出勤率。他严格要求工人要细致并整洁，杜绝浪费，禁止喝酒。威治伍德也非常重视健康和安全，特别是无论过去和现在大家都关注的铅中毒问题。他还坚持要有工作服、正确的清洗方法和清洗设备。

作为一名商业创新者,威治伍德通过多种途径与外界合作来创造价值。他在供应商和分销商中实现创新,聪明地利用个人关系和生意伙伴关系获得利益,在市场和零售领域引入了大量的创新方法。

威治伍德尽其所能地四处寻找优质原材料,今天我们称之为"全球采购"。比如他从美国切洛基族、中国和澳大利亚新殖民地中购买粘土。

在他的生意圈里有各种不同兴趣的朋友,威治伍德是著名的"月光社(Lunar Men)"的一员,这个团队的成员性情相近、博学多才,因为他们总在月圆时聚会而得此名。除了威治伍德,核心成员还有伊拉斯谟斯·达尔文(Erasmus Darwin)、马修·博尔顿(Matthew Boulton)、詹姆斯·瓦特(James Watt)和约瑟夫·普利斯特里(Joseph Priestley)。与博尔顿的友谊和合作极大影响了威治伍德关于工作组织方式的应用,他一直观察博尔顿的效率、产量和利润率以及在伯明翰安装了蒸汽机的瓦特工厂。珍妮·阿格鲁(Jenny Uglow)在《月光社》一书中指出,在科学、工业和艺术的发展方面,他们始终处在那个时期的前沿。她说:"在月光社那个时代,科学和艺术是不可分的,你可以同时是发明家和设计师、实验家和诗人、梦想家和企业家。"

尽管威治伍德对知识产权的所有权有不同看法,但他仍然鼓励合作开展研究,是今天所谓"开放创新"的支持者。1775年,他发起了一个合作项目,和斯塔福德郡的一些陶器厂一起研究一个共性技术问题,这是世界上第一次合作的工业技术研究计划。虽然这一计划最终未能启动,但是它彰显了一种组织间进行合作研发的例子,这样的案例在之后的一个世纪内都没有再发生过。

威治伍德是工业界第一个把自己的名字刻在陶瓷器皿上标明设计所有权的人。但他不喜欢专利,一生只拥有一项专利。提起自己,他是这样解释的:

> 当威治伍德先生发明了制作"王后御用瓷器"的工艺之后,他没有为这项重要的发现申请专利,专利会限制技术的广泛使用。有了专利以后,不是有上百个制造厂制造"王后御用瓷器",而是只有一个制造厂可以制造;也许只能供英国时尚圈少数人作为娱乐享用,而不能让其销往全球四面八方。

工业革命时期,社会积极乐观并充满变革。随着工资收入的增加,以及新的财富来源和机会的创造,消费方式和生活方式都发生了变化。英国人口成倍增长,1700年有500万人,1800年达1 000万人。18世纪以前,英国的陶瓷业还只是停留在满足功能需求上,主要制造用于储物和运输的粗制陶瓷容器。各种壶罐都还是粗胚烧制,用一些简单的方式进行装饰,上釉也不精细。但在整个18世纪,市场的规模和制品的复杂多样性得到了大幅提高。在急速增长的城市和大批殖民地中,人们对风格时尚的餐具有着巨大的需求。茶、时尚咖啡、热巧克力等,和传统的英国啤酒一样,逐渐融入英国人的生活方式中。

威治伍德用各种方法满足快速发展的市场需求。起初,他把器皿卖给零售商进行销售,但同时也在伦敦开了一个瓷器商店,后来又开了个展示厅,直接承接订单。当顾客们对展品评头论足时,威治伍德特别留意顾客对产品质量不稳定性提出的批评意见,并向顾客介绍他们是如何致力于研究,如何使产品达到更好的一致性。这个展示厅平时由他的好朋友托马斯·宾利(Thomas Bentley)经营。后来,这里逐渐变成了一个时尚展示区,王室贵族也前来观赏一些主要的新展品,宾利先生非常熟练地为大家介绍新的趋势和潮流,同时又把订单传回斯塔福德郡的工厂。

威治伍德努力寻求政治家和贵族的惠顾,他把这称为是他的"渠道和关系网"。他为俄国女皇凯瑟琳(Catherine)订制了共计952件的餐具，并且毫不羞涩地把女皇的赞助用在自己的广告上。他认为，如果贤达贵人购买了他的产品，那么新的中产阶级、店主和职员，甚至一些收入较低的阶层，如工匠和商贩，也会竞相模仿购买。

威治伍德和宾利在零售领域进行了一系列的创新实践。例如，展示晚宴用的全套精品餐具、开架自助、制作产品目录和图案书、免费包装、退款保证、销售人员旅行奖励、定期销售，等等。总之，这些创新的出发点都是"让人感到开心、娱乐、惊奇，甚至也会使女士们为此着迷"，简·奥斯丁（Jane Austen）在拿到威治伍德安全运抵的产品时高兴地如是写道。

威治伍德在开拓国际市场方面也是领先的。在他刚开始他的事业的时候，斯塔福德郡工厂的瓷器很少进入到伦敦，更别说海外。为了开拓国际市场，他再一次依靠王室，利用英国贵族和大使出访的机会把产品带到海外。到18世纪80年代中叶，80%的产品实现了出口。

威治伍德的产品价格不菲，通常是其竞争对手的2～3倍。正如他所说："我的目标一直都是追求产品的质量，而不是降低价格。"他非常鄙视业界的降价行为。他在1771年给宾利的信中写道："行业的总体趋势看起来正在被快速破坏，低价只能导致制造的低质量，这将使我们的行业受到蔑视和忽视，人们甚至可能不再使用它，并导致整个行业的关门。"

威治伍德的创新还延伸到许多其他领域。为了支持他和同行产品的制造销售，他投资于基础设施建设，投入了很多精力和金钱用来提高当地的通信和交通，尤其是投资港口建设，这样使得他的原材料供应和产品销售得到保障。他还推动了收费公路的建设，更是参与了一些主要隧道的建设。威治伍德还积极地对政府的商贸和工业政策制定建言献策，而且帮助建立了第一个英国制造业商会。

威治伍德留下的财富远远超过了他的企业本身，他对整个斯塔福德郡的陶瓷业产生了巨大的影响。今天，我们可能会把这个创新称之为"产业集群"。由于一些同行业公司的努力，如Spode公司、Turner公司等，斯塔福德郡的陶瓷业发展得异常迅速，威治伍德被公认为行业泰斗。

19世纪的传记作者山姆·斯迈利（Samuel Smiles）在《贫贱的乡村》一书中描述了威治伍德的创新为斯塔福德郡带来的变化：

"那个在1760年只有七千人口的半荒蛮的地区，仅有一部分就业者，且拿着很低的报酬。但在之后的25年内，这里的人口增加了三倍，就业率很高，人们的生活富裕而舒适。"

威治伍德为当地居民生活的改善作出了贡献,其中包括改善了教育、健康、饮食以及员工的居住条件等。那时,伊特鲁利亚工厂拥有76户人家,就是一个典型的村庄了。

威治伍德创造了一个王朝。他从他的父亲那里继承了20英镑。但他去世以后,却给英国留下了一个最好的工业,个人价值也达到50万英镑(相当于现在的5 000万英镑)。威治伍德的孩子们享用了父亲留下的财富,其中一个儿子创办了皇家园艺学会,另一个儿子则专注于发展摄影技术。他的财富也很好地资助了他的外孙查尔斯·达尔文(Charles Darwin)开展科学研究。

威治伍德的案例提出了本书将要讨论的一系列关键问题,也揭示了我们将要讲述的创新方法。我们重点关注组织创新、机制创新以及如何实施创新。在这个案例中,我们已经看到了个人和人际关系对创新的重要性,我们将讨论这些因素对组织创新的贡献达到了什么样的程度,而不是讨论创新对我们各自的意义。我们也不采用创新使用者的观点,尽管我们也将指出创新组织需要努力弄清如何去利用创新以及创新的目的。通过仔细的观察,威治伍德的案例向我们展示了创新的多种形式和方法。它既可以体现在组织的生产过程中,如产品和服务;也可体现在组织的制造方式中,如制造流程与系统、分工结构、供应管理、同行合作以及如何贴近客户这一非常重要的方面；创新更可体现在组织所在的社会关系中，如地区网络、基础设施以及政府的政策等。

威治伍德的案例还阐明了关于创新的一个不变的真理，即创新一定是思想、知识、技能和资源的融合。把科学、技术和当代的艺术结合起来，快速满足顾客的需求，这是威治伍德的专长。格莱斯顿说："不管在任何时候任何国家，他都是最伟大的人，他把自己投入到艺术与工业相结合的伟大事业中。"威治伍德把技术、市场、艺术、创造、创意和商业有机融合，或许就是他给我们的最深刻的启发。

第二章
约瑟夫·熊彼特：
创造性破坏的飓风

所有经济和社会的进步最终都取决于新的创意。这些新的创意在对现状进行改革和完善的过程中，内省思维和惯性思维之间会产生较量。当新的思想成功引入组织并在组织中实现价值以后，才是真正意义上的创新。创新是一个舞台，新创意的产生和应用都需要进行正规地组织和管理，其中包括周密的准备、目标的设定以及过程实现和实施后的预期收益等。创新也是一个剧院，实验和学习的热情会受制于组织的实际状况，如预算、现有规程、有争议的优先权甚至有限的想象力等。

有很多方法为理解创新提供了丰富的视角和观点。研究创新的问题不同,所使用的分析方法也不同。有些是研究创新的程度和本质的,例如,是否任何的改变都是渐进的或破坏性的?创新是如何维持或破坏现有行事方式的?创新是发生在整个系统还是局部系统?另外一些研究关注创新的焦点怎样随时间而变化,即从新产品的开发到制造、产品的扩散模式以及使产品在市场上占据优势的独特的设计配置,例如录像机和音乐播放器,以及组织是如何在创新中获取合适价值的。

定义

英语中对"创新"一词有宽泛的定义,这样既有好处但也容易让人混淆。好处是它可以被应用于各种场合,让人理解不清也是因为这个原因。这个词通常会被滥用。即使我们常用的"创新就是创意得到成功应用"这么一个相对简单的定义也会引出问题:什么是"成功"?时间的因素很重要,创新可能开始是成功的,最后却失败了,反之亦然。"应用"又意味着什么?它是在一个组织中得到应用,还是在全球更大的群体中广泛地应用?"创意"的源泉是什么,或者说是谁的"创意"?有没有人能明确地宣称创意是自己的,特别是当创意不可避免地和现有观点有结合的时候。

给创新分类也面临着诸如边界模糊、种类交叠等同样的问题。创新可以发生在产品层面,如新车或新药,也可以发生在服务层面,如保险政策、健康管理等。但是,许多服务型的公司把它们提供的服务描述成产品,如,新的金融产品。创新还可发生在运行过程中,其中都会涉及新产品和新服务。过程中可能会使用装备或机器,这是供应商的产品,但运输过程中的物流又是供应商的服务。

在考量创新水平的时候也同样碰到定义上的问题。对一个组织无足轻重的创新,对另一个组织却可能是本质性的改变。在实践中,除了给创新的水平一个名义上的尺度以外,很难再做什么。分类被认为是最理想的方式,并可持续。大部分的创新是持续性改进,把创意应用到现有商品或服务的新模式中,或者对组织的流程进行调整,比如,特殊软件包的最新版本开发、市场部增派更多的代表到开发团队等。破坏式创新是指改变产品、服务或流程的本质,比如,像尼龙这种新型合成材料的开发,或者是决定使用开源软件来鼓励以社区方式发展新服务而不是闭门造车。最高水平的创新是周期性的、变革式的创新,这种创新尽管很少,但是其影响是革命性的,并将波及整个经济,比如能源领域的石油开发、计算机和互联网等。

我们认为的创新是指创意成功应用到组织的产出和过程中。创新可以被理解为可实践的并具有功能性，创新的成果可以是新产品和新服务，也可以是支持组织内各个业务部门如研发部、工程部、设计部和市场部的创新过程。创新还可有更加概念化的理解，创新的成果强化了知识和判断，还是一个支撑组织学习能力的过程。

我们关注的创新重点不同于那些习以为常并且本质上具有高度增长性的"持续性改进"。尽管这些小的改进累积起来很重要，但是我们更关注那些给试图存活并茁壮成长的组织带来发展和挑战的创意。通过集中精力研究那些在组织的产出和生产过程中产生的不平凡的创新，我们会在很大程度上领会通常意义上的创新。

重要性

创新为何如此重要？原因是在当代纷繁复杂和变幻莫测的世界中，许多组织面临着巨大的挑战，创新是它们持续的需求。当它们努力去适应和应对不断变化着的市场和技术时，创新就成为它们赖以生存的关键。

在私营部门，来自全球市场新竞争者的威胁是永远存在的。在公共部门,效率和业绩增长的需求也是连续不断的,因为政府需要对财政支出进行管理,以期在超支的条件下改善人们的生活质量。所有组织创新的动力就是知识,如果它们不能够实现创新,结果就是新玩家将威胁到它们的生存。简单地说,如果组织在进步、发展和成长,实现利润更高、效率更高、更可持续,就需要成功地应用新创意进行持续的创新。正如经济学家约瑟夫·熊彼特(Joseph Schumpeter)所说,在组织运转出现僵滞时,创新将"提供奖励的胡萝卜或贫困的大棒"!

创新的其中一个特征就是它存在于每个组织中。尽管创新的成本会很高,例如,开发一种新药可能就需要花费 8 亿美元,但是新创意的成功应用却可以很廉价。不仅是半导体或生物技术高科技公司需要创新,经济领域中的各部门都需要创新:保险公司和银行需要寻找新创意为客户提供更好的服务;商店需要计算机进行订单和仓储管理;农民要用新种子、化肥和耕种技术,使用卫星技术帮助优化播种和收割,而且农产品也需要开发新用途,例如生物燃料、健康保健食品等;在施工建设中也需要创新,例如,新材料、建造技术创新等;在食品保鲜的包装行业以及引进又快又便宜的新设计方案的制衣公司等都需要创新。在公共服务领域,如健康、交通、教育,创新随处可见。虽然在一些领域人们可能并不希望有太多的创新,比如养老金投资公司、飞机设计行业等,但是一般来说,无须受益于新创意的企业或组织确实是很少的。

挑战

创新的挑战是巨大的。许多人对创新带来的变化不适应,尤其一个涉及大范围的创新,有可能给员工带来负面的影响,可能导致不确定、恐惧和挫折。组织通过社会契约使员工具有归属感、认同感和信任感,但创新却破坏了这个契约,资源要重新分配,群体之间的关系发生了变化,在强调组织中一部分人的利益时却损害了另一部分人的利益。创新会惹怒那些经努力多年才获得技术和专业技能的人才,他们对自己的技术有强烈的认同感。在组织体系中,创新与权力的施行是分不开的,同样这也会使创新受到阻力。

大部分关于创新的尝试都以失败告终。历史上记载着大量个人和组织非常好的创意却应用失败的案例。1990年,美国开发对环境极其友好的高效的电动汽车,却有一个政治商业联盟联合起来阻止这个新创意进入市场。这个例子说明创新将会对固有的利益产生多么大的威胁。尽管产品本身非常受消费者青睐,但是,要发展电动汽车,就必须同已有的能源基础设施、石油公司、汽油分销网络以及大量使用汽油发动机的汽车制造和汽车维修领域的投资者们进行竞争。

组织既要开发现有技术以满足短期需求，同时又要发展新的能力，以便在这个变化的世界里求得长期生存。这两方面的需求差异很大，在实践中有时还会相互冲突。确实，组织偶尔会遇到矛盾的困境，新创意可能对当前已开创的成功局面造成麻烦。尽管有人说"将军打仗只为最后的决战而非当前也"，但经理们却只愿采用对组织、个人或者对过去的进步有贡献的做事方式，而非选择对未来也许更有效的解决方案。自从爱迪生在19世纪末20世纪初建立了致力于产品创新的第一个组织以后，许多创造和应用创意的不同组织方法会在一定时期内受到青睐。由于商业环境发生了变化，大型的、集中式的公司研发实验室和独立研究团队——有时被称为"臭鼬工厂"（skunkworks）——不再像过去那样经常使用了。在旧有惯性和创新之间寻求平衡是永远不变的追求。

组织很少单独实施创新。它们经常和供应商、客户一起创新，或在一些特定的地区和国家体系中实施创新。例如，在创新技术和大学的研究中，通常都会有一个区域规模，就像我们在加州的硅谷和其他一些国际创新中心中看到的那样。政府的政策和规范会影响创新，比如，财政和法律体系影响风险投资基金的获得、技术标准的建立和知识产权的保护等。此外,使用交通和通讯的开支也很大。这些因素增加了创新的复杂性和不可预见性,因为创新者们永远无法把控自己的命运。他们也指出了创新别具一格的特点,即每一个创新都发生在它自己独有的环境中。

当代经济的所有主要元素中,如服务、制造、资源产业,以及公共部门,组织的进步依赖于对知识和信息的拥有、获取或使用。组织要保持竞争力和高效率,就要依靠所拥有的人、资金、技术等各种资源实施创新,并且要具有整合这些资源的方法。

创新思维

美国经济学家威廉·鲍莫尔(William Baumol)认为,事实上从18世纪开始几乎所有的经济增长最终都归结于创新。从那时开始,创意在工业界的成功应用被认为是发展的主要源泉。18世纪,随着亚当·斯密于1776年出版了《国富论》以后,人们开始研究组织、技术和效率之间的关系,并认识到它的重要性。亚当·斯密以大头针工厂为例,对劳动分工的重要性做了很著名的分析,这个理论对威治伍德的工厂组织产生了深远影响。斯密展示了在大头针的生产流程中,与个人独立生产相比,制造过程中的专业化劳动分工大幅提高了劳动生产率。一个劳动力,即使他极度勤劳,每天也只能制造1枚到20枚大头针,但是,实施劳动分工以后,即使"非常弱"的劳动力,只要"无差别地提供必需设备",在他们"竭尽全能"时,能制造4 800枚大头针。

一个世纪以后,卡尔·马克思(Karl Marx)高度意识到创新的重要性,但是他更关注创新的负面效应。在《资本论》第一卷,他写道:

"现代工业从来也没有把现有产品流程当作最终的形式来看待或处理……现代工业通过机器、化学的过程和其他的方法,使工人的职能和劳动过程的社会结合不断地随着生产技术基础发生变革。"

马克思认为,在资本主义制度下,工人不可避免地遭受剥削和压迫,技术带来的变革和技术的使用产生矛盾。他认为,工人从属于机器。但他也相信,技术有可能将工人从机械的、重复的工作压力中解放出来,使社会关系更加丰富。

马克思强调,技术的发展和应用受到社会因素的强烈影响是创新历史中一个反复研究的课题。例如,在对美国自动化机床发展的研究中就发现,技术经常被强势的社会力量所改变。自动化或数字化的机床控制,如车床,可能以各种方式进行配置,使得机器的操作人员对机器的使用有或多或少的自由裁量权。但是该技术在构建时却将控制权放在了工程计划办公室,而不是在机器操作者手上。这样做可能经济效率很低,但是却与新技术的主要客户——美国空军的期望相一致,这也反映了现有的权力结构。

整体上看,过去所有的技术革命——蒸汽机、电力、汽车、信息和通讯技术都需要进行巨大的调整,以适应工业和社会。经济学家克里斯托弗·弗里曼(Christopher Freeman)和卡洛塔·佩雷斯(Carlota Perez)的研究表明,从历史上看,由于工业革命导致新技术的扩散,非常需要在工业和社会领域进行大量的结构性调整。同时在法律、金融、教育、新技术和新专业的培训体系、新的管理体系、新的国家和国际标准等方面也需要作出重大的调整。

"人力资本"长期以来在创新中都得到重视。政治科学家弗里德里希·李斯特(Friedrich List)在分析观察19世纪中叶德国工业的发展历史后宣称:国家的财富是由知识分子,即有创意的人才所创造的。1890年,英国经济学家阿尔弗雷德·马歇尔(Alfred Marshall)指出,知识是经济生产中最强大的引擎。作为一名脚踏实地的经济理论学家,马歇尔定期走访公司,宣传创新的重要性,人们尤其记得他对"工业区"中公司"集群"利益的分析。

如果有哪个经济学家宣称他是第一个将创新作为发展理论核心的话,这个人就是约瑟夫·熊彼特(1883—1950)。今天他被公认为是创新领域最有影响力的思想家之一。熊彼特是一个经历非常丰富的人,他曾在奥地利担任了一届财政部长、一个破产的银行行长,也做过哈佛教授。他认为,创新引发了"创造性破坏的飓风",创新带来技术革命的风暴,例如石油和钢铁,从基础上改变并发展了经济。创新是创造性的、有益的,它带来了新工业、财富和就业。但它也是破坏性的,一些历史悠久的公司、很多产品和工作,以及未成功的企业家的梦想等均遭到破坏。熊彼特认为,创新是为生存而竞争的核心。

> "竞争来自新商品、新技术、新的原材料供应、新的组织形式……这是控制决定性成本和质量优势的竞争,这种竞争打击的不是现有企业边际利润和产量,而是它们的基础和生命"。

熊彼特一生关于创新主要来源的观点并不是一成不变的,这恰好反映了工业发展的变化。在他 1912 年出版的"MARK Ⅰ"模型中,他称赞个人和精英,即敢于冒险的企业家的重要性。但是在 30 年后出版的"MARK Ⅱ"模型中却明

图 2　熊彼特的经济发展理论将创新视为核心

显相反,他提倡大公司里正规的有组织的创新。正是在那段时期,现代实验室在美国、德国的化工和电气工业中牢固地建立了起来,到 1921 年,美国建立了超过 500 家工业研究实验室。

五种模型

关于科学进步和工业创新之间的关系,最早也是最有影响力的研究是从第二次世界大战以后万尼瓦尔·布什(Vannevar Bush)开始的。万尼瓦尔·布什是美国第一任总统科学顾问,在他的报告——《科学:无尽的前沿》中,他提出要制定国家政策开展大规模的开放性研究。这篇报告很受欢迎,内容在《财富》杂志上进行了连载,布什本人也荣登《时代》杂志封面。布什与曼哈顿项目合作研发了原子弹技术,在很多人看来,该项技术成功缩短了太平洋战争。正是基于这样一个实例,布什认为在研究上进行投资能够解决看似最为棘手的问题。尽管对布什的报告只做了简短的解读,但是产品和过程的创新是基于艰苦的基础研究之上的,这一观点是"科学推动"创新模型的基本理解,这在今天的科学研究领域中仍然被广泛认同。

另外一个观点出现于20世纪50年代至60年代期间,强调把市场需求作为创新主要来源的重要性。它的出现有一系列的原因。研究发现,在军事等一些领域,技术成果更多是由使用者的需求确定的,而不是取决于科学研究的预先配置。同时,一些成长起来的大型公司的战略规划部认为,开展足够的市场研究能够鉴别什么样的新科学和新技术能够满足消费者的需求,这印证了当时蓬勃发展的社会科学所声称的预见能力。与战后对科学技术高涨的热情相反,社会运动开始对投入使用的产品进行质疑,要求对顾客的需要予以极大的关注。例如20世纪60年代,针对汽车设计中存在的安全隐患,拉尔夫·纳德(Ralph Nader)发起汽车安全运动。一个内部对"婴儿潮"一代的人口统计学研究导致了国际范围"预见和提供"战略的提出,其中要求通过创新来满足人口增长的需求。这些观点被称为创新的"需求拉动"模型。

这两种创新的模型在进程上都是线性的,即通过研究将新产品和新工艺导入市场,或市场需要新产品和新工艺,然后通过研究去开发。但是20世纪70年代大量的研究工作开始质疑线性假设。开创性的研究工作包括,英国苏塞克斯大学的SAPPHO计划发现了行业间的差异性,例如化工工业的创新与科学仪器工业就不一样。而且创新的模式随着时间也在改变。麻省理工学院的阿伯内西(Abernathy)和厄特巴克(Utterback)提出了产品生命周期理论,高水平的创新起初是从产品的开发开始,进入规模化生产后开始下降,逐渐被关注产品应用和产品工艺的高水平的创新所取代。创新看上去不再是单向的,而是迭代的,形成反馈环路,这称为"耦合"创新模型。

作为"耦合"创新模型基础的组织和技术问题于20世纪80年代浮出水面,主要动因是当时日本工业取得的显著成效。那时候,一项关于汽车工业的研究显示,对日本汽车工业的每一项创新性能的效率评估,例如设计和制造一辆汽车所花费的时间,都是国际竞争对手的两倍。对此现象的解释是认为日本采用了"精益制造"的方法,这与其他国家所采用的规模化制造技术相比有明显的差异。规模化制造的典型代表是亨利·福特(Henry Ford),其基础是通过流水线技术来制造标准化产品。福特有一句话曾广为流传:"你可以拥有你想要的任何颜色的T型汽车,只要它是黑色的。"精益生产则是把更多的柔性元素引进生产线,这样便能在更大范围内制造产品。例如,它包含了一个与零配件供应商共同组成的关联体系,以"准时制"的方式实现装配,这样就降低了库存和成本,提高了产品响应市场的速度。精益生产还需要对质量控制进行强制性的监管,而这些在许多领域都已成为车间工人的责任。

在分析日本和西方企业组织创新的方式时,可以做这样的比喻,前者像玩橄榄球(也可比喻为无挡板篮球),后者像接力赛。在西方企业中,创新总是先从组织的一个部门作为流程的起点,比方说研发部,运行一段时间以后交给另一个部门,比如说工程部,然后和上一阶段一样,一段时间后交给制造部,最后转移到市场部。日本公司认为这种线性的过程是巨大的浪费,当一个项目从组织的一个部门传递到另一个部门时,有可能产生很大的沟通误解。用橄榄球运动员或投球手作比喻,是因为在比赛中同时需要拥有不同技能和能力的运动员相互配合,有些人又高又大但速度慢,有些人个头小但技巧高、跑得快,但他们同时为一个目标工作,把组织中的各个部门都纳入到创新活动之中。

公司间和公司内的合作,推动了日本企业的创新,这是20世纪80年代典型的成功案例。除了在同一工业团体——"经连会"内顾客和供应商建立广泛的联合以外,日本政府还鼓励竞争公司之间的联合。例如,针对第五代计算机程序,政府就试图鼓励一向竞争激烈的制造商们围绕共享的研究课题开展合作。这种创新战略和公共创新政策的"合作"模式,在欧洲信息技术和美国的半导体行业中也被积极采用。

20世纪90年代,创新研究的创始人之一罗伊·罗茨韦尔(Roy Rothwell)开始留意到公司正在实行创新的战略和支持创新的技术发生了一系列变化。他认为公司正在发展一种创新战略,与它的主要客户、需求用户、创新伙伴等实现高度集成。更重要的是，利用新兴数字技术，比如计算机辅助设计和计算机辅助制造等技术能够把公司内各个不同部门联合起来一起实现创新，也能帮助把外部力量融入内部的创新发展。罗茨韦尔把这称为创新的"战略集成与网络"模型。通过持续使用超级计算、互联网、新的可视化技术和虚拟现实技术等支持创新，以实现更大的战略和技术集成已成为一种趋势。

当创新主要发生在制造工业中时，这些创新过程的模型在工业经济中有它的先导作用。然而，我们现在处于一种以服务业为主导的经济模式中，在大部分发达国家，服务业占国内生产总值（GDP）的比重达到80%。以前基于可测可见的有形实物型的经济方式已经转换到产出没有重量且无形的经济方式。此外，2008年出现的全球金融危机表明，我们正生活在一个极其动荡和不稳定的时代，已经建立起来的规则和方法很有可能会经受新出现的、无法预见的形势的考验。未来的创新模式将会是更加有机的和不断演化的，其中创新的来源是不明确的，一开始不知道有哪些组织参与，其结果也很难预测。在这样的情况下，评估过去的发展是否可能对未来有指导作用是很有价值的，弄清创新的理论能起到怎样的帮助作用也是很有意义的。

理论

创新没有一个统一的理论,只有一些从经济学、政治学、社会学、地理位置、组织研究、心理学、企业战略等不同角度的解释,以及从各个学科中抽取出来的关于"创新的研究"。我们能够做到的是给出创新的多重影响、不同的路径和结果,利用什么理论要取决于所研究的问题。当研究对象是创新者个体时,心理学角度的理论可能更适用;当研究对象是组织创新时,企业战略的角度更适用;当研究对象是国家的创新绩效时,经济学角度的理论更适用。更重要的是,不仅要用创新理论解释当前的一些重要问题,也要能帮助解决未来主要的社会、经济和环境问题。

近年来,出现了一些新观点,与上述创新理论有共同之处。其中包括演化经济学理论和企业战略角度的动态能力理论。

任何一个创新理论的挑战在于它必须对以多种形式表现出的经验现象作出解释,同时,还包含由创新方式复合而成的复杂性、活力和不确定性,这些创新的方法来自许多方面的贡献,这种贡献有时会有差异性,并且没有完整的固定程式。在这种情况下，创新出现了新的特征：它产生于一个群体的行动之中，其结果在一开始可能是未知的或者是不可预期的。

演化经济——熊彼特的遗产：把资本主义看作一个系统，这个系统在由企业家和研究小组的创新活动所创造的新思想、新公司和新技术下不断变迁。组织作出决策后，顾客和政府在变迁中进行选择。其中有一些选择被成功繁衍并最终发展成为新组织、新商业和新技术，为将来创造变迁提供基础和来源。大部分的变迁和选择是破坏性的，或未能得到延续。所以，经济演化发展的主要特征就是存在大量的不确定性，甚至失败。

动态能力理论包括企业寻找、选择、配置、部署和学习创新的方式，其焦点放在技能、流程和组织结构上，能够创造、使用和保护无形的和难以复制的资产，例如知识。这个战略方法反映了技术、市场和组织持续的动态过程，当信息被限制且所处环境不可预知的情况下，其中感知威胁和意识机会的能力是保持公司优势的关键。

这些对创新的理论解释包含了错综复杂的状态和一些新兴的环境。这些解释对经济发展中那些散乱的组织创新工作进行了归并，经济的发展始终是变化和不断调整的，而此时的企业战略通常也是试验性的。

时间

任何对创新的理解还需要把握一个时间维度。无论是考量创新的结果,它发生了什么?还是考量创新的进程,它是怎样发生的?都必须了解创新发生的时间段。与创新发生之前存在状况进行比较,就可决定创新的新颖程度。

如果一个创新太超前,可能就正如前面所讨论的电动车的案例一样,无论怎样努力,都需要等待它得到广泛扩散和持续增长的时机到来。如果一个创新需要花费很长的时间去开发,那么很可能会失败,因为更胜一筹或更加便宜的创意会出现。有时,市场和技术瞬息万变,一个看上去很好的点子,很快就时过境迁了。所以,创新组织不得不考量新创意的时效性。可以基于过去创新扩散的模式判断自己的位置,或者采用一些工具和技术去加速创新,如通过正规的项目管理技术来逐步决定所需资源的水平。要做好创新投入收益的年度计划,如果在一个可接受的时间段内得到合适的回报,就可决定投资。尽力减少开发和引进创新的时间,这样可以很好地管理风险。通常速度快是有益的,但也并不总是这样。缩短时间能够减少被竞争者赶超的机会,也能减少对资源的浪费。但是,步骤太快会出错甚至导致失败,结果是只能从中接受教训。

短期的视角适合于渐进式的创新。但是,若要对破坏式创新在何地、为什么以及怎样发生或失败有一个全面的了解,就需要进行长期的观察。理解科学发现、创新和社会变化之间的关系需要对历史进行深入的解析。

正如我们将在第五章爱迪生的案例中看到的那样,创新性组织创造机会,允许探索各种不同的有潜力的路径,先把不必要的决策搁置起来,直到结果明朗时再决定选择哪一条路径,这样才能提高组织未来成功的机会。创新者要对不可预测的结果有所组织和准备,这样他们就能改变进程和重新校对时间表。正如路易斯·巴斯德(Louis Pasteur)通过实验作出科学发现后说:"机会总是偏爱那些有准备的人。"

创新的扩散率在不同商业领域差异甚大。在制药行业,比如通常需要 12~15 年才能把一个新药投放市场,但是新的数字服务行业却可能在几个月内得到大幅增长。组织可以作出战略选择,是尽力引领该行业的创新呢,还是做一名跟随者。有时,领导者有绝佳的机会从他们自己的创意中收获丰厚的回报,例如杜邦化学公司,从新产品到市场一直领先于其他公司近一个世纪。但是,"先行优势"可能很难获得并持续,因为市场可能并不完全成熟,需要较高的支出去培育需求,因此这经常也会带来较大的风险。

其他的组织则选择了向领先者学习的途径。模仿式的创新看上去似乎更好,可以避免他们所观察到的任何陷阱,最快的跟随者可以得到巨大的收益。例如,微软一向对别人已经承担初始风险的创新作出快速响应。许多组织没有技能或资源成为第一个或快速的跟随者,但是他们依然能从创新中获益,如改进、调整或拓展产品、流程或服务。一个创新者不管其处于什么位置,一个组织不管其采取什么战略,驾驭时间维度的能力很有可能对它的业绩作出重要贡献。

第三章

**伦敦的摇摆桥：
从失败中学习**

　　熊彼特关于创新是一个创造性破坏的过程分析，说明创新可能同时存在正反两方面的结果。创新能创造财富和工作，同时也能使它们遭到毁灭。正如我们在威治伍德建立的新工业中所看到的那样，创新通过创造新的产业、公司和产品，对所有人都产生深远的影响。在服务业领域，打折的航空业务、机场基础设施建设等也证明了这一点。创新提高产量，并以各种形式改善生活质量，例如新药、交通、通讯、娱乐以及各种充足的食品等。特别是在亚洲地区，过去的几十年内创新帮助数百万的人脱离了贫穷。因为创新，工作变得更有创造力、吸引力和挑战性。但是,另一方面,创意的成功应用也会导致一些不利的结果。一些创新能力比不上竞争对手的国家和地区就被甩在了后面,最后导致财富的分配不均。由于开展了创新,工作技能落后,满意度下降,失业率提高。创新还给我们带来环境的恶化,如内燃机、氢氯氟烃等带来的危害,也包括2008年全球金融危机背后复杂的金融工具带来的恶果。预测创新带来的负面结果和预测它积极正面的效果同样具有挑战性,这些效果都不可预期,并混杂在一起。从正面看,内燃机的使用使旅行实现了大众化,注入氢氯氟烃的冰箱改善了食物的营养,金融创新给我们带来了优厚的生活保障和养老金。即使在失败的情况下,我们也会看到创新的结果会出现双重性的特征。许多在创新上的努力都失败了,其回报会出现严重偏差,但是失败本身也是个很重要的结果,它将促成我们的转变。

失败

创新是有风险的,例如,创新者必须考虑如下风险:

需求风险——新产品和服务的市场到底有多大?新的竞争者会出现吗?

商业风险——能否获得合适的资金满足创新的开支?一

个创新将会对组织的名声和品牌产生什么样的影响?

技术风险——技术可行吗?安全吗?它是否能和其他的技术互补?能竞争得过新出现的技术吗?

组织风险——是否使用了正确的管理和组织架构?能否获得必要的技能和团队?

网络风险——有正确的合作伙伴和供应链吗?是否存在重要的分歧?

环境风险——政府政策、规章、税收、金融市场的稳定性怎样?

从理论上说,用过去预测未来这个假设尽管存在隐患,但是从概率上讲,通过一些假设,其风险是可以判断和管理的。另一方面,不确定性包含了一个完全未知的结果,并且不可判断,对它的管理就要基于深厚的经验和直觉。正是由于风险和不确定性的存在,创新才会有如此多的失败。但同时,它们也提供了创新的诱因。如果没有风险和不确定性,那么每个人都可以很容易地进行创新,创新就不会对竞争者形成任何优势。

失败能为将来的改进提供有价值的机会。伦敦千禧桥就是一个非常令人尴尬的案例。连接泰特现代艺术馆和圣保罗大教堂的伦敦千禧桥,是100多年来第一座横跨泰晤士河的步行桥,是一个集工程、建筑、雕刻成就于一体的杰作,设计得如此完美无瑕,因此被誉为横跨泰晤士河的"光之刀"。这座桥在2000年6月落成的当天,就有8万~10万人在桥上步行通过。但是,当大批的人走过桥面时,桥身出现了明显的、越来越强烈的不稳定现象,很快它便被戏称为"摇摆桥"。两天后,该桥被关闭,所有关注它的人都感到极大的沮丧。

后来国际多方经过紧张努力的工作,终于找到了原因并及时进行了改进。很明显,造成问题的原因是男士们像鸭子一样迈着八字步走路的方式,当很多人步调一致的时候,平时很少见的"横向激振"现象就发生了。如果它是一座只允许女士通过的桥,就不会出现这一问题。这次失败的结果是,关于桥梁设计的一门新的知识得到了发展,未来的桥梁将可让更多的男士们尽情地、大摇大摆地跨过河去。

图3 千禧桥:巨大的成功从摇摆开始

千禧桥的案例是从失败中获得知识、工程和创新等方面新进展的例证。正如化学家汉弗莱·戴维(Humphry Davy)所说:"我最重要的发现是我的失败告诉我的。"亨利·福特是这样说的:"失败是重新开始让自己变得更加智慧的唯一机会。"经验数据显示,新创意的回报存在着极大的偏差,这就是物理学家和经济学家所称的"幂律分布"。只有少数的学术文章、专利、产品和创业公司能够成功。大部分情况下,绝大多数的回报只来源于10%的创新投入。在有些领域,这种差异性更大。比如在一个阶段中,全世界可能同时有8 000多种潜在新药在研制,但是也许只有1~2种新药获得了成功。

造成失败还有一个很重要的时间因素,看上去失败的事情最后可能成功了,比如千禧桥,而成功又随着时间的推移失败了。哈维兰彗星型客机自从1949年问世以来,帮助创造了国际商业航空工业,一直被公认为是高度成功的创新产品。但在20世纪50年代中期,连续发生了多起飞机空中坠毁事件,那时飞机工程师们很少了解关于金属疲劳的知识,而这正是飞机坠毁的原因。但是,正是这些失败的案例导致后来飞机设计水平的提高。

创新产品可能在技术上实现了创新,但在市场上失败了。索尼公司(Sony)的 Betamax 拥有比它的竞争者松下公司

(Matsushita)的 VHS 系统更优异的录像技术,但是它在争夺市场主导设计的激烈竞争中败下阵来。协和式飞机是那个时代的技术奇迹,但是它只出售给它的联合制造商——英国和法国政府。

我们一般很难判断我们将要做的工作对未来是否有价值。苹果的"Newton"是一款早期的个人数字辅助系统,一个出了名的失败产品,它的成本超过了一台计算机。有一个令人难忘的技术评论这么说:"它这么大这么重,只有袋鼠才能携带。"这一失败,让苹果公司的 CEO 丢掉了工作。但是 10 年以后,它的操作系统应用到了 iPod 之中,和"Newton"类似的若干特点也融合到 iPhone 之中。

失败会使个人付出代价。因此,创新者们必须研究战略应对失败,使个人认识到失败的价值,如学习、反思和自我觉醒。类似地,组织也需要重视失败的价值,从失败中学习。

学习

创新体现在新产品、新服务和新过程中。它提供了我们对未来的选项,并激励组织和个人不断学习,尽管是无形的,但却十分重要。

组织要学会怎样把它们已经在做的事情做得更好,学会开发新的业务,甚至学会把握学习的需求。组织能在处理一些相似的事件中自然而然地得到学习,而且一般来说做得越多就会做得越好。但是,激进式和破坏式的创新,即那些包含重大突破并破坏过去做事方式的创新,会对组织和组织的学习方式造成很大的困难。那些已经形成的惯例和做事方式实际上限制了对各种创新形式的学习。我们把精力聚焦在当前事物上,就会产生积极的、直接的且可预期的收获;但当我们把精力聚焦在新事物上时,其回报则是不确定的、遥远的,经常还会出现负面的结果。这就造成一种倾向,即对已知的可替换的事物进行挖掘和利用取代了对未知事物的探索。激进式创新包含从现有能力看还不太稳定的技术,而破坏式创新将丢失现有客户,也丧失了既有的收入来源。有很充分的理由表明,为什么许多组织尽量避免激进式和破坏式的创新。

当组织面临困难时,就需要发挥领导力的作用,给予奖励和提供资源去克服困难,这对组织的长久生存来说是非常必要的。通过回顾总结和项目后评估等方式,使创新成果得到积极肯定并在组织中广泛交流,对新的学习方式提供支持。当创新积极的成效作为组织的故事和公司传奇而被人们铭记时,人们将为打破常规和惯例的行为助上一臂之力,从而促进各种形式的学习。

就业和工作

创新对就业的冲击,以及创新对工作数量和质量的影响一直都有争论。在从农业、工业到服务业这一巨大的历史转变过程中,创新对就业总量作出了贡献,但是创新对工业和组织的影响则要取决于这些工业和组织所处的独特环境和所做的选择。

这个争论本身已有很长的历史。亚当·斯密认为市场规模的增长为劳动力分工、机器替代人类和潜在的非技能化提供了巨大的机遇。而马克思则认为自动化将不可避免地导致劳动力被取代,报酬下降,并给工人带来更大的压迫。熊彼特认为,因为创新既创造工作机会,也会破坏工作,在衰退的产业领域、地区和新出现的创新领域中,将存在着工作岗位和技能要求的失配问题,因此,必然存在技能短缺和失业的一段痛苦调整期。

一种观点认为产品和服务的创新对工作和技能会产生积极影响,而工艺流程和操作方式的创新将造成负面影响。正如我们将在第五章中看到的那样,爱迪生在他的"创新工厂"里创造了高技能的工作岗位,在他的制造工厂里设置了大量非技能化的工作岗位。技能工作和产品的创新是一致的,其中思考能够产生倍增的效益。而非技能的工作和流程创新是连在一起的,机器降低了对思考的需求。但是,将技能工人安排在生产线上是有价值的,组织对怎样应用创新往往会进行选择。设计好机器并配置好任务的方式影响了技能的发挥。正是因为这些选择以及工业在创新发展中必要的调整,才使得个人、雇员或政府对教育和培训进行投资有了很大的动力。

组织需要理解创新会给个人带来怎样的回报、压力、刺激和恐惧。它能给人们带来激情和动力,也能带来因变化产生的忧虑和失败。创新可能引起分化,即组织中的一部分人从事报酬优厚且令人满意的工作,而另外一些人则可能工资很低而且对工作也不满意。它还可能具有排斥性,例如,没有受过特殊教育的人会被某些工作拒之门外,某些情况下女性会遭到排斥。

经济回报

生产率是指产出与投入的比率,当资源被高效利用时就会增长。改善劳动力和资金使用也会使生产率提高。当创新、技术和组织的完善对熟知的多要素生产率(MFP)有贡献时,生产率也会提高。从本质上看,经济财富有赖于生产率的提高,而这通常是由创新驱动的。例如,在20世纪90年代,美国多要素生产率的增长与信息通讯产业的发展和这些产品在其他经济领域的应用紧密相关。最近,多要素生产率的增长大多发生在零售和批发等服务业,其中的部分原因是这些行业使用了数字技术。

赢利能力是由多种因素决定的。例如,在设计、制造和运输物品方面,组织与竞争对手相比具有怎样的优势和效率,顾客对品牌有多偏爱,以及他们预备支付怎样的价格作为创新者必要的回报。创新是通过在销售产品和服务中表现出与众不同的优势而获得利润的,比如产品特点、价格、运输时间、升级机会、维修等。可以通过转让和许可知识产权创建新的创业型企业,从创新中创造利润。对研发、工厂和装备进行大规模投资的创新活动也能够阻止竞争,提高赢利机会。

对组织而言,要从对创新的投资中获得经济利益,必须有获取回报的途径。在一些情况下,创新可以通过知识产权保护,以专利、版权和商标的形式或者以难以被复制的技术和行为得到保护,例如,具有快速领先于竞争者的能力、保守秘密的能力和留住重要员工的能力。在所有这些情况下,创新对赢利的贡献经常出现偏差,即多数的回报来源于少数的创新。

允许系统及其组成部分之间具有协同能力的技术标准也提供了经济优势。那些拥有自己标准的组织以及那些采纳这些标准的组织比没有标准的组织更有优势。围绕技术标准的斗争变得尤其激烈,在第五章爱迪生的案例中我们将会看到这一点。

第四章

斯蒂芬妮·柯欧拉克的新聚合物：
从实验室到财富

很多人和组织都对创新作出了贡献。"欧盟社区创新调查"等一大批关于创新公司的调查显示，创新者是个很大的范围。这些调查对不同创新来源的重要性进行了排序，结果表明最重要的创新来源是组织内部。创新首先来自员工发现问题和解决问题的内在动力、想象力和局部知识。创新个体、工作场所、正规的组织机构以及工作实践，如新产品研发部门和一些管理手段等，都促进了创新的发展。

根据这些调查，第二位的创新来源是消费者和客户，然后是货物或服务的供应商。据少数公司报道，交易会、展会、专业会议、学术和商业期刊等也是很重要的创新来源。调查还显示,大学和政府的研究实验室在创新来源中排名最后。

这些排序掩盖了一个非常复杂的景象。例如,依靠内部驱动的创新能够使组织有自省力,但或许无力应对外部市场和技术发生的变化。而依靠外部客户创新的思想则很有可能产生保守的态度——"不要找麻烦了"。大学是科学发明最重要的贡献者,也是酝酿早期产品和服务创新的贡献者,同时还教育培训具有创新技能的人才。

正如约舒亚·威治伍德向我们展示的那样,创新通常是由来自不同起点的创意组合而成的。伟大的科学家林纳斯·鲍林(Linus Pauling)说过,获得一个好创意的最佳途径就是搜集很多的创意,可以使用同样的方法从诸多不同贡献者那里寻求创新。熊彼特认为,创新需要市场、技术和知识的"新融合",从组织的不同部门和外部不同团体中经常能形成完整的新创意。激发创新的来源可能并不是特定的按等级进行划分的那些贡献,而是来自多种思想的交错融合,这些思想产生于多变的时代中为谋求生存发自内在的和冲动的探索。

创新还受到广泛的社会、文化、政治和经济等因素的影响,包括城市和区域、政府政策、组织所隶属的并有助于组织发展的"创新系统"等作出的贡献。

持续的追求，IBM的案例

从IBM公司的整个发展历史中可以看到如何持久地、大范围地、挑战性地追求创新。IBM被公认为全球最具创新力的公司之一，在发明和发展超级计算机、半导体和超导技术中起着重要作用。它在创新中投入了大量的资源，每年投入几十亿美元的资金用于研发，形成的专利要多于任何其他的公司，并定期创造出有代表性的产品和服务。它的员工曾五次获得诺贝尔奖。与世界上其他任何一个公司相比，IBM从创新中获得的利益是巨大的，而且它对创新的追求为其他组织提供了宝贵的经验。

IBM成立于1924年，但是它的历史可以追溯到1896年。当时赫尔曼·霍勒瑞斯（Herman Hollerith）创立了"制表机器公司"。霍勒瑞斯（1860—1929）开发了一台用电流和卡处理器工作的机器，用它来对美国人口普查数据进行机械化处理。他把机器称为"硬件"，把卡称为"软件"。霍勒瑞斯在美国人口普查局工作了一段时间，他强烈意识到提高数据处理效率很有必要。1880年的全国人口普查汇编工作花了七年时间，人们担心1890年的人口统计可能需要更长的时间。霍勒瑞斯的制表机正好满足了人口普查局需要对数据进行又快又高效收集和管理的需求。采用这台机器以后,1890年的人口统计数据分析只花了六个月的时间,节省了数百万美元。此后,该机器又应用于加拿大和欧洲的人口统计中。1912年,霍勒瑞斯卖掉了他的公司,尽管他仍保留着首席工程师顾问的头衔,但他与公司的联系越来越少了。在此期间很多年,他都拒绝了人口普查局要求进一步提高机器性能的要求。1906年中,霍勒瑞斯的主要专利到期,人口普查局开发了一台属于它们自己的制表机,并于1910年得到应用。直到1914年托马斯·沃森(Thomas Watson)出现,才提高了制表机的技术性能,也改善了公司与客户的关系。

作为IBM的总裁,托马斯·沃森(1874—1956)非常支持公司发展使用电子技术。他承担了哈佛大学科学家霍华德·艾肯(Howard Aiken)在20世纪30年代从事数字计算器研究的费用。1945年,通过与哥伦比亚大学合作,他在纽约建立了第一个沃森科学计算实验室。IBM的托马斯·沃森实验室至今仍然是世界上最大的工业研究实验室之一。二战期间,尤其是在军事武器和战时后勤规划领域,公司同美国政府发展了紧密的关系。为了对战争作出贡献,公司牺牲了在军事领域应得的利润。

在 IBM 的 42 年间，沃森把公司建成了一个重要的国际化企业。他的儿子小托马斯·沃森成功地继承了董事长职务。从 20 世纪 50 年代后期到 80 年代，IBM 持续在研发领域进行了大量的投资，尤其是在 1964 年发布了"360 系统"计算机之后，它成为世界大型计算机的领导者。扣除物价因素以后，"360 系统"仍然是研发领域私人投资最大的项目之一。小托马斯·沃森在公司发展上下了赌注，当时价值 10 亿美元的 IBM 决心投入 50 亿美元用于企业发展。到 1985 年，IBM 占有了世界大型计算机 70% 的市场份额，它在软硬件领域拥有无与伦比的专家，卓越的经营能力使它成为世界上最受人尊敬的公司之一。

图 4 IBM 360 系统计算机，IBM 为其发展"下了赌注"

到20世纪70年代中期,IBM开始热衷于小型计算机。IBM于1981年推出个人电脑(PC),并和"360系统"一起成为20世纪最有代表性的产品之一,它从根本上创造了个人电脑的广阔市场。开发个人电脑开始于IBM在佛罗里达州博卡·拉顿(Boca Raton)实验室的一个研发小组,他们为开发PC机曾做过三次尝试,结果都失败了。要成功地开发个人电脑就需要IBM抛弃之前自力更生、完全依靠内部开发的战略。最后,公司决定从一些小的供应商那里购买主要部件,如集成电路和操作软件。产品一开始就获得了巨大成功,占领了40%的市场。

然而,20世纪80年代后期和90年代初期,IBM陷入严重的困境,几乎濒临破产。IBM PC为自己埋下了灭亡的种子,因为IBM没有控制其部件的知识产权。一些小的供应商,例如英特尔和微软,很快成长壮大,成为比IBM更为强大的公司,并向IBM的竞争者们提供技术。此外,IBM的整个文化依然是着重于历史上赢利能力强的大型计算机,然而日本制造商的价格竞争导致了利润暴跌。1992年12月16日《纽约时报》编者栏发表文章称:"IBM的时代结束了……一个曾经是世界上最耀眼的高科技公司沦为了一个跟随者,在塑造行业的重要技术力量面前,经常反应迟钝而且无效。"赫尔曼·霍勒瑞斯跌宕起伏的故事再次引起共鸣。

为了拯救几近崩溃的企业，IBM决定聘任新的CEO郭士纳（Lou Gerstner），这是IBM第一次从企业外部聘请总裁。公司在经营战略上经历了一次重大的结构调整和根本性的转变，从一个技术提供者转变成了客户解决方案的提供者。企业的目标是为客户提供尽可能最好的服务，哪怕是采用竞争者的技术。同时，尽管面临着财务困难，但公司以往的优势正是来源于它过去"科学和工程的思维模式"，因此公司决定今后在研发上进行持续投入，并在公司的技术社区和研发中心寻找持续不断的创新力量。这些内部的资源使IBM通过使用微处理器和并行结构对主机系统做了彻底的改造。IBM也变得更加开放，从外部汲取创意，试图战胜过去那种过度内省和"不是这里发明的"综合征。企业开始采用开放的技术标准和软件，而不再局限于那些自己拥有所有权的技术。同时，在技术开发领域开始采取更多的合作方式，每年有数十项与其他组织的合作项目。超级计算、电子商务、社会网络和Web2.0技术等都是新的"面向市场"的创新产品。

目前公司广泛应用内联网和社交网络技术在员工间获得并分享创意。在IBM约40万名员工中，有一半是科学家与工程师。同时，公司还拥有分布在全球的75个研究中心，公司已具有强大的技术能力成就新的事业。IBM 如何利用这些技术去支持当前和新兴创新过程的方法将在第六章进行讨论。

IBM 的发展历程表明,创新来自各方的努力,其中有发明家和企业家、客户、供应商、大学、研发部门、政府和合作伙伴,以及由内部员工和各种人脉组成的庞大社区。下面我们来了解一下各类不同的创新贡献者。

企业家和风险投资者

公司通过大规模的活动开展创新,如 IBM。与之不同的是,创新也可以来自企业家个人,他们应用创新去开拓新的商机。"企业家"一词是在 18 世纪初期开始使用的,用于描述那些能够发现、判断,或创造机会,并且为了利用机会而善于管理资源和承担风险的个人。那些作出卓越贡献的企业家能够推动创新并促进经济发展,威治伍德就是一个典型的范例。

从 18 世纪的马修·博尔顿、19 世纪的托马斯·爱迪生(Thomas Edison),到 20 世纪的比尔·盖茨(Bill Gates),再到 21 世纪的谢尔盖·布林(Sergey Brin)和拉里·佩奇(Larry Page),这些企业家一般都创建了技术公司。这些公司利用新技术得到快速成长,新的技术改变了落后的技术,催生出新的产业。一些企业家甚至能彻底改造整个经济和社会。博尔顿和他的伙伴詹姆斯·瓦特发明了蒸汽机,创建了世界上第一家使用机械装备的工厂,帮助迎来了工业革命。还有许多其他的贡献者,如爱迪生发展了电力技术,并创办了通用电气公司。比尔·盖茨的微软开发的软件,在个人电脑上得到普遍使用,布林和佩奇的"谷歌(Google)"改变了人们对互联网的使用,后两个公司还改变了人们工作和生活的方式。

当然还有很多例外。仅美国每年都有几十万个新公司成立,但是,即使有的话,也只有极少数企业能像微软和谷歌一样成功。不过,新企业的创立和它们给现有企业带来的挑战,正是资本主义的本质要素和主要贡献。在熊彼特的MARK I模型中,创造性破坏就是来自"打破旧传统,开创新时代"的创业使命!

熊彼特论企业家:语录节选

熊彼特关于企业家特征和动机的描述今天依然能引起共鸣:

动机:

"拥有建立一个王国或王朝的梦想或欲望,尽管一般未必能做到这一点。"

"征服的欲望:有战斗的冲动,希望证明自己强于他人;求得成功,并非因为成功的硕果,而是因为成功本身。"

"享受创造和把事情办成的乐趣,或者就是为了发挥自己的能力和才智而快乐。"

"私有财产……经济收益……和其他不包括私人收益的社会安排。"

特征:

企业家……

"找出困难,为了变化而改变,乐于冒险。"

需要:"非凡的体力和精力。"

拥有:"独特的'眼力'……专注于事业,没有其他爱好。冷静精明、充满激情。"

知道怎样"在同事之间恳求支持,有处理人际关系的精湛技巧,给他人充分的信任以创造组织业绩"。

熊彼特的 MARK II 模型认为,企业家精神无论是在大公司还是新创建的小公司里都存在,其结果是通过正规的组织方式使工业状况得到了改观。从 20 世纪 20 年代开始,大规模的研发组织活动得到了蓬勃发展。企业家精神是一个组织化的过程,通过这个过程许多不同类别的公司找到了机会,并加以发展和利用。

在一些情况下，创业型小企业会得到风险投资者的投资，它们愿意承担比高街银行和投资银行更大的风险。在美国，许多创业型的信息技术公司和生物技术公司都有这方面的成功案例，如谷歌和基因泰克（Genentech）公司。世界上风险投资的模式各不相同，但美国的模式经常被作为典型案例。美国风险投资的资金有些是私人投资基金，有些则来自公司，它们的管理层在专业技术领域都有很深的造诣，并且参与创业公司的决策和管理。通常，风险投资的目标是：在早期获得公司的一些股权，待公司足够成熟时卖出或者在证券市场上市后退出，从而获得高额的利润回报。在投资组合中，那些风险投资家们知道绝大部分的回报来自少数几个成功的案例。一般来说，风险投资者倾向于投资基础好、技术和市场机会比较明朗的公司，而不是新的和带有投机行为的公司。

研发

虽然研发有时并不是创新的最根本要素，但它却是创新的重要源泉。在研发上投资能够帮助组织找到并发现新的创意，提高组织从外部资源中吸收知识的能力。

研发既包括由好奇心驱动而很少考虑其应用的基础研

究，也包括非常实际的以解决问题为目的的应用研究（详见下面的《法城手册》(Frascati Manual)）。对研发的投入，高度反映了各个国家、部门和公司对它在创新中的作用的重视。全球每年的研发经费支出大约为八千亿美元，集中于信息通讯技术和制药等几个主要产业领域。美国是研发投入总量最多的国家。对研发的相对投入进行评估时，通常是按照它占GDP的比例来计算。一些较小的欧洲国家，如芬兰、瑞典和瑞士都名列前茅，每年占到GDP的3%以上。近年来，一个明显的趋势是一些亚洲国家和地区的研发投入有了快速增长，例如韩国、台湾地区和中国大陆。全球超过95%的研发投入集中在美国、欧洲和亚洲（主要是东北亚地区）。许多国家，尤其是南半球的国家，在研发这个创造财富并促其增长的重要领域中是没有竞争力的。

在不同的国家，政府和企业在研发投入的比例上有很大的差异。一些国家如韩国和日本，企业投资占主导，而其他一些国家如波兰和葡萄牙，政府则是研发经费的主要投资来源。

法城手册：

1963年，经合组织（OECD）决定编制一个关于研发统计的统一国际数据，以利于政策的制定。于是，在意大利法拉斯卡蒂（Frascati）的一个会议上,"关于研发调查的标准规范建议"获得通过,这就是著名的《法城手册》。2004年,手册第6版印刷出版。

研发是指为了提高知识的储备,在系统化基础上开展的创造性的工作,其中包括关于人类、文化和社会等的知识,并把这些知识储备用于开发新的应用。

研发可以描述为以下三类活动:

- 基础研究是指实验性或理论性的工作,其主要目的是获取反映现象和可观察的事实中最基础的新知识,不涉及特定的应用。

- 应用研究也指为了获得新知识而开展的原创性研究。但是,它更主要偏重于一个特殊的应用目标或方向。

- 试验开发是利用研究或实际经验中获得的现有知识开展的系统化工作,其目的是制造新材料、新产品或新设备,安装新工艺或新系统,发展新服务,或从实质上改进已有的产品或系统等。

《法城手册》对于构建国际范围的关于研发经

费支出的统一数据集是很有用的,它一直在不断改进和提高。不过,在衡量联合研发和服务领域的研发活动时,还存在很大问题。

经合组织还制定了《奥斯陆手册》,用于指导国家创新调查;《堪培拉手册》用于评估科学技术中的人力资源;以及用于统计专利的《专利手册》。

斯蒂芬妮·柯欧拉克的新聚合物

斯蒂芬妮·柯欧拉克(Stephanie Kwolek)(1923—)拯救了成千上万名警察和军人,使他们免于死亡和伤残。通过传统的研发过程,她发明了"芳纶"——一种用于防弹衣中的纤维。这个产品曾经是强度最大的纤维之一,其应用已超过200多种,如刹车板、飞机、运动器材、光纤电缆、防火床垫、防风暴装置、风力发电机组等,每年为杜邦化学公司带来数亿美元的收入。但是,最有名的还是在防弹衣上的应用。1987年,国际警长联合协会(IACP)和杜邦公司为那些因为这个产品生还或免于重伤的人员创办了一个"芳纶幸存者"俱乐部,它的第3 000个会员于2006年正式加入。具有保护特性的芳纶也在军事领域得到广泛应用。

图5 斯蒂芬妮·柯欧拉克,芳纶的发明人

柯欧拉克出生于美国宾夕法尼亚的新肯辛顿(New Kensington)。她的父亲是位钢铁工人,也是位执着的业余博物学家。虽然在她很小的时候父亲就去世了,但是她却秉承了父亲的好奇心。柯欧拉克还记得自己花了数小时为布娃娃设计和制作衣服,并由此对时尚产生了兴趣。由于当时读不起医学专业,柯欧拉克主修了化学专业,后来这个学院并入了卡内基·梅隆大学。

柯欧拉克决定加入杜邦公司。杜邦公司从过去到现在一直是世界上最领先和最有创新力的公司之一。20世纪20年代,杜邦公司是首批投资于基础研究的公司之一,其目标是

"创造或发现新的科学事实"，公司于 1933 年发明了氯丁合成橡胶，1938 年发明了尼龙。由于第二次世界大战的原因，当时男性化学家很匮乏，很多女性被吸引到化工领域。在面试的时候，柯欧拉克坚定地表达了她需要知道何时能收到应聘的回复，因为她手上已有另一个选择，于是当晚她就拿到了杜邦公司的录取书。

柯欧拉克于 1946 年开始为杜邦工作。她在位于特拉华州的杜邦研究实验室工作了 36 年，之前在纽约布法罗（Buffalo）小组工作了 4 年。她的工作就是开发新的聚合物及其制备方法。柯欧拉克刚到公司不久，接到的工作就是寻找一种全新的纤维，能够使轮胎更轻更坚硬，当时一个研究热点就是提高汽车的性能以减少油耗。别人也接到了这个任务，但没人感兴趣。柯欧拉克感到，尽管她的能力得到了男同事的认可，但她仍然在公司中很不起眼。

然而，她喜欢这个工作环境。作为当时为数不多的女科学家，柯欧拉克时刻面临着新的挑战，随着二战以后男人们从战场上返回，她必须异常努力地工作才能保住职位。公司也给予了柯欧拉克高度的独立性和自由度从事她想做的工作。（她抱怨说现在的研究太过仓促，没有足够的时间进行思考。）

柯欧拉克的专长是利用低温处理技术制备缩聚物。1964

年,她发现长链芳香族聚酰胺分子在一定条件下能形成液晶溶液,并能纺成一种高强度纤维。当时,这种溶液又浑浊又稀薄,看上去很不理想,她把它拿到机器上准备纺丝。她说,这个聚合物的特征太奇怪了,任何人都会觉得不可思议,看上去根本没有希望能在机器上进行纺丝,也许无意间已把它丢弃了。负责纺纱机的技术人员也充满怀疑,担心他的机器会被这个脏东西堵塞。但最后柯欧拉克还是说服他试一试,结果纺丝实验获得成功,作出的产品强度很高。柯欧拉克重复试验了很多次之后,才确信了她的这一发现。直到完全确定它的性质以后,柯欧拉克才公开了她的聚合物。芳纶的隔热性能很好,强度是钢的 5 倍,重量是玻璃纤维的 1/2。

杜邦公司很快意识到柯欧拉克的新的晶体聚合物的价值,先锋实验室开始着手探索它的商业应用。柯欧拉克提供了少量的纤维给同事做防弹盔甲的实验,1971 年,芳纶开始应用于这个领域。芳纶之所以在如此广泛的领域得到应用,原因之一是它具有易变性的特点,它能够转换成线或丝、连续的纤维长丝、原纤化浆料和薄片。柯欧拉克新的化学方法帮助杜邦开发了许多其他纤维,例如莱卡氨纶(Lycra)和隔热的诺梅克斯(Nomex)。

柯欧拉克把她的成功归因于她看事物的方式,而其他人却做不到。她说:"为了发明,我利用了我的知识、直觉、创造力、经验、常识、耐力、灵活性,并努力地工作。我试着去想象理想的产品,它的性质以及实现的方式……有一些发明来自一些意想不到的事情和识别它们的能力,并知道利用它们的优势。"

柯欧拉克拥有 17 项专利,其中 5 项是关于芳纶的原型。她赢得了不计其数的荣誉。她曾说非常有必要对科学家和其他对人类社会作出贡献的人给予褒奖。柯欧拉克说,当一名警察让她在救过他性命的夹克上签名留念时,她感到非常高兴。

柯欧拉克和芳纶的案例体现了公司研发部门对创新作出贡献的一个缩影,但同时也暴露出一些缺点。这个聚合物研发花了长达 18 年的时间,商业化应用又经历了 7 年的努力,今天也许只有极个别的组织有能力采用这样一种长期的创新方法。

客户和供应商

除非消费者和客户使用,否则创新是不会成功的。如果让用户参与设计他们所需要的新产品和新服务,一般来说成功的机会将会比较高。需求和需要无法用语言完全表达清楚，无法在产品创新者与客户及供应商之间作出跨越组织界限的全面沟通，因此，通过彼此间的积极参与可以克服这些障碍。

在一些领域，例如医疗器械，创新者通常也是使用者。外科医生和医护人员为新工具和新方法的创意作出了主要贡献，因为这些新工艺和新方法有助于他们把工作做得更好。世界上最大的植入性助听器制造商科利耳（Cochlear）是源自格雷姆·克拉克（Graeme Clark）教授的发明。克拉克是一名医学研究人员，他的父亲深度耳聋，他对没有助听器帮助的耳聋人士的痛苦感同身受，这驱使他要改善他们的生活质量。

根据一项估算，30岁以上的男子至少有1/4遭受睡眠窒息的困扰。当他们睡着的时候，呼吸不规则会引起潜在的危险，呼吸医疗装置能够帮助解决这个问题。世界上最大的呼吸器制造商瑞思迈（ResMed）的奠基人科林·苏利文（Colin Sullivan）教授是一名在医院睡眠门诊工作的医学研究人员，他通过有规律地向鼻腔上方吹送空气解决这个问题。幸运的是，对患者和他们的伙伴而言，经过不断的设计完善，现在考虑周到的低噪声装置比最初由防毒面罩和真空吸尘器构建的产品有了重大的改进。

一些公司竭尽全力让顾客参与到新产品设计中。波音开发777飞机时，就让它的主要客户，如美国航空、英国航空、新加坡航空以及澳洲航空等一起参与市场需求调研。波音公司需要了解各个航空公司的热门航线上最佳顾客装载量，同时也要满足飞机使用者的需求，如飞行员和机组人员、维修工程师和清洁人员等，其目的是既要考虑乘务人员在飞机颠簸时能够冲泡咖啡，也要兼顾到维修工程师在半夜零下40℃的阿拉斯加州或中午50℃的吉达市安装外部零件的便利。波音在开发787客机的时候，创建了一个网站专门搜集全世界感兴趣的伙伴对设计过程的建议，约50万人投票选择了新机型的名称——"梦之翼"。

软件公司有时以"Beta"版的方式发布它们的产品，也就是说，将原型软件交与用户体验并提出改进建议。用户对最终产品的优化都能起到很大的作用。当公司的目标是从中赢利时，具有自主知识产权的产品适合采用这个战略。但这不同于开源软件，例如网页浏览器"Mozilla Firefox"和开源操作系统"Linux"，它们的构建、维护和持续的改进都是由编程志愿者们在网络上完成的。把客户排除在产品改进的过程之外是短视行为。索尼公司在开发它的机器狗"爱宝（Aibo）"时，它的软件代码是保密的。后来，一个黑客社区发展起来了，为这款机器人开发了很多动作，包括一系列的娱乐舞蹈等，使得这款产品对顾客产生了极大的吸引力。索尼公司却把黑客告上了法庭并关掉了他们的社区。但是索尼公司很快发现了自己的错误，并意识到应该从这些外部开发的软件中获取益处。索尼公司不再生产"爱宝"，但它的后续产品都受益于机器狗技术，如可视化技术等。

客户也可能抑制创新。他们可能保守自满，受困于四平八稳的做事方式。克莱顿·克里斯坦森（Clayton Christensen）认为"创新者的困境"就在于太听客户的意见了。如果创新者只热衷于客户当前的需要，那么他们经常会错过技术和市场上发生的巨大变化而最终遭到淘汰。创新者和一些"领袖客户"、政府、企业以及个人等合作是有益的，因为他们相信创新将比不创新而仅追求短期的安全感获得更大的收益。20世纪80年代，罗伊·罗茨韦尔描述了波音和劳斯莱斯之间的关系，形容劳斯莱斯为"客户棘手，设计一流"，意思是说因为波音公司对其飞机发动机供应商近乎苛刻的要求使得劳斯莱斯设计和生产出了更好的产品。

创新的供应商也是新创意的主要激发者。在汽车工业中，一辆汽车的价值很大比例是来自零部件供应商。根据丰田公司（Toyota）的案例统计，购买的零配件超过一辆车总成本的70%。丰田与日本电装公司(Nippondenso)保持着非常密切的关系,电装公司是一家提供汽车零部件创新产品,如车灯、刹车系统等的大型供应商。汽车供应商罗伯特·博世(Robert Bosch)在欧洲汽车工业中也扮演着类似的角色。大型汽车公司使用各种办法,如开设网站、召开技术会议、展览会等,鼓励供应商为它们面临的问题提供创新的解决方案。创新的汽车依赖于供应商为汽车公司提供创新的零配件。汽车制造商,或者说负责把不同元素整合成一个系统的组织,其任务就是鼓励提供模块或组件的供应商进行创新,以确保零部件与整体设计的构架和系统相适应。

鼓励创新的供应商也是许多政府的关键目标。美国"小企业创新研究(Small Business Innovation Research)"计划就是利用政府大量的采购预算购买创新产品和服务支持小企业的发展。这个特殊的政府计划更多投资初创型小企业的创新过程,比美国的风投行业覆盖面更宽,并且大多用于支持其早期发展。

合作者

创新很少只发生在单个组织的活动中,通常更多地发生在两个或更多组织的合作中。对很多组织而言,通过合作实现创新,其价值远远超过了分享创新回报所付出的代价。通常采用合资企业的形式和各种伙伴、联盟以及契约的方式在组织之间开展合作,契约包含了共同承诺的目标。合作伙伴可以是客户、供应商,也可以是其他工业中的组织,甚至可以是竞争者。合作是世界工业经济的特征,一些合作关系已经维系了几十年。

组织通过合作降低创新的成本,将不同的知识和技能引入到组织已有的知识体系中,并把它作为一次从伙伴那里学习新技术、组织实践和战略的机会。在不确定和不断变化着的环境中,合作创新提供了比单打独斗更大的成功机会,信息、通讯和其他技术也使得合作成本更低价也更容易。世界各国政府都积极推动合作,并把它作为创新的源泉之一。组织也越来越少只依靠自身的力量,而更多的是采取开放合作的创新战略。

不同情况下采取不同的合作形式效果会更好。若合作的目标很清晰,比如就是快速降低成本,相似的组织在一起工作效率更高,产生误解和沟通不善的情况比较少;若目标任务涉及一个新兴领域,或者目标就是为了探索和学习,那么不同类型的组织一起合作效益会更大,与同质化相比,差异化能使我们学到更多的东西。大部分的伙伴通过合作扩大了生产规模，少部分伙伴则提高了效率。

合作通常很难管理。合作伙伴都有不同的优势和组织文化，有时因为怀疑或一些传闻都可能产生误解。很多年以前，IBM的一个小组和苹果公司洽谈一个合作项目，在第一次合作会议召开之前，IBM员工开始讨论他们的着装。IBM员工通常都穿统一的蓝色套装上班，而苹果公司的员工通常着装都比较随意，因此，为了体现礼仪，他们决定穿休闲装参加会议，这能让苹果公司的员工感觉舒服轻松。当IBM员工身着牛仔T恤来到会场时，他们却发现苹果公司的员工都穿着新买的蓝色套装很不舒服地坐在那里。这样的现象既然可能发生在同一行业和同一国家的组织之间，那么在不同领域和不同国家之间开展合作时发生类似问题的可能性会更大。

大学

著名的社会学家、加州大学校长克拉克·科尔（Clark Kerr）发现大学对经济发展的重要作用具有很强的前瞻性。1963年，他曾经写道：

"大学里不可见的产品——知识，可能是我们文化中最有力量的单个元素……大学从来没有像今天这样要求创造出知识……要求把知识传播到规模空前的人群中去。"

他认为,新知识是经济增长中最重要的因素,应突出大学在发展新工业和促进地区增长中的作用,强调企业家教授的贡献,因为他们紧密围绕企业开展咨询和工作。在之后的数十年中,政府和企业越来越鼓励大学把精力用于将知识有效地转化到经济活动中去,大学也普遍赞同这一政策。当前知识转化的活动被提得很高,在某种意义上它已经同大学作为研究和教育的功能一样重要。人们经常认为知识转化为产业和大学贡献于创新的方法很简单,而实际上,走向市场化的道路通常很复杂,层面多且难以捉摸。创意和知识由大学产生并向产业界进行"传播"的思想也已经被共同创造和知识交换的理念所取代。

教育

通过培养有技术的本科生、研究生和博士后,大学为创造和应用新创意储备了劳动力资源。电子、化工、航空和信息技术等一些新产业成功发展的历史在很大程度上归因于大学有丰富的研究生资源,他们掌握着新的技术,尤其是在工程和管理学领域。有人认为,在大学和产业间进行知识交换的最好方式是两条腿走路,并把解决问题的人从大学转移到产业界。

创新不仅需要科学工程类的研究生,在不同时期,硅谷也需要哲学家和人类学家,一些创新的产业也为许多人文类学生提供了机会。商学院为所有学科的学生加强了创新管理和企业管理的课程教育。管理类的文献也经常讨论成功的公司是怎样善用"I"型人才和"T"型人才的。所谓"I"型人才,是指通常在一个特定的领域中有很深的造诣,而"T"型人才,则在一个专业领域具有很广的知识面。可以看出,把不同学科的"T"型人才交叉组合到一起,就能成为创新的主要推动力。但是,这对教育部门提出了很大的挑战(参见麻省理工学院和工程师教育)。

技术学院在创新中也扮演着重要的角色,例如,学院对技师进行制造设备的培训,有时他们自己就将这些设备进行了产业化。

麻省理工学院和工程师教育的持续性挑战

工程技术的核心是解决问题。为鼓励发展这种能力,麻省理工学院(MIT)在其传统的教育理念上十分注重学科交叉。在 MIT 1954—1955 年的公告中指出,人文学院和社会研究的目的就是要发展这样一种理念:"如果一个人要作出作为一名公民应有的最大贡献,人文价值和技术能力的结合是排在第一位的。"学院在课程设计时就反映了这个价值取向。所有的学生在其四年制教育的前两年都要学习一些核心的课程,如历史、哲学和文学。学生关注的重点是了解问题而不是解决问题,并且培养好学习的态度,即学生必须不断依靠教育得到发展,而不是光靠目前学到的这点知识。

MIT前教务长罗莎琳德·威廉姆斯(Rosalind Williams)指出,当前的挑战是培养"全能型"工程师。她说,如今的工程师需要了解产品是怎样设计的,又是怎样进入市场的,组织是怎样运作的,创新又是如何成功实现的。她引用了一名同事的说法,MIT在很久以前就已放弃培养专业的工程师,而真正培养的是技术型的创新者。她指出,一方面学生们需要懂科学,另一方面也要懂人文、艺术、社会科学和管理学等,因此,每隔18个月都要使学生头脑里的信息量翻倍。为适应这种广度,未来的趋势是根据不同的心理学和社会学特征把工程师分为两类:"系统集成者"和"设计师",前者更适合于在成熟的公司中管理较大的技术系统,后者更擅长于在企业内创造新产品和新服务。

科学研究

"科学"一词来自拉丁语"Scientia",意为"知识",已经成为古代文明以来人类发展的特征。但是,科学在工业创新中的应用仅仅是在工业革命期间才开始受到重视,并在过去的150年前后形成了最显明的特征。

研究中存在一个传统性的差异(参阅《法城手册》),即一个是"基础研究",另一个是"应用研究"。前者是基于"好奇心驱动",不考虑应用,这是大学的兴趣所在,而后者更倾向于在工业领域有确定的应用。不过,一些企业会大量投资于基础研究,一些大学也会广泛开展应用研究,尤其是如医学和工程等一些专业院系。

此外,唐纳德·斯托克斯(Donald Stokes)指出,将研究划分为以知识理解为目的的纯基础研究和以应用为目的的应用研究,却不能够描述既能提高知识理解又能改善应用目标的第三种研究类型,他把这称为"巴斯德象限"中的"应用基础研究"(见图6)。巴斯德的微生物研究经常考虑到它的应用,但同时也开创了科学研究的新领域。斯托克斯把这一发现与玻尔的物理学研究进行了对比,玻尔对原子结构的解释为量子力学理论奠定了良好的基础,而与爱迪生的研究相比,尽管他们的研究也受理论的影响,但其动机是应用和获利。在爱迪生和巴斯德的象限中可以找到研究与创新之间显而易见的联系,而在玻尔的象限中,这种联系有可能发生也有可能不会发生,即使有可能,也是在不可预测的领域。有人设想,玻尔可能无法解释量子理论是怎样应用于激光和怎样为未来量子计算机提供基础的。

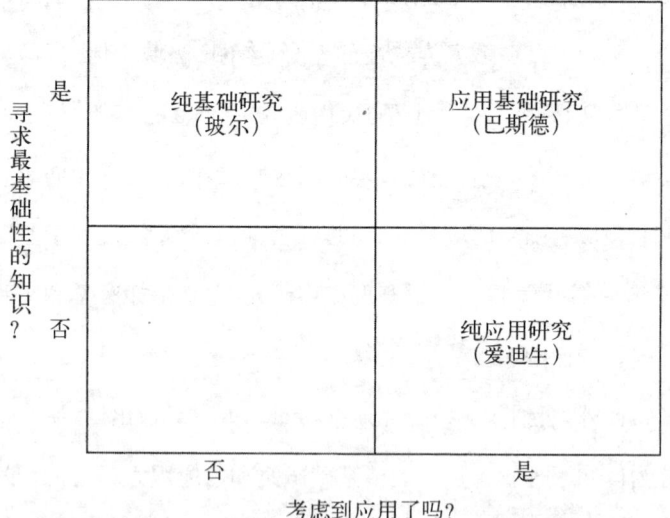

图6 巴斯德象限:摘自唐纳德·斯托克斯巴斯德象限(华盛顿DC:1997)

类似的,在 1953 年 4 月 25 日《自然》杂志的一篇快报上,沃森(Watson)和克里克(Crick)非常谨慎地写道:"我们拟提出一种脱氧核糖核酸(即 DNA)盐的一种结构,这个结构的一些崭新特征具有重要的生物学意义。"他们没有想到,20 年以后因此而呈现出巨大的商业价值,而且他们的发现转变了过去生物学的发展模式,并且随着生物技术的发展创造了新的产业。

图 7　宣称发现 DNA 的《Nature》论文

实际上,基础研究和应用研究是一个整体中的元素,彼此间有很多相互联系。应用研究可能来自基础研究的发现,基础研究能用来解释现有技术的工作原理。纯基础研究最有用的成果之一就是为支持实验研究而进行的设备开发,例如计算机、激光和万维网就是为了这样的目的而开发的,当初它们显示不出任何潜在工业应用的迹象,而现在却是无所不在的创新产品。

当我们考虑全球最复杂的科学和社会问题时,如全球气候变暖、可持续能源、食物安全和基因工程等,仍然需要依靠大学进行基础研究,并在工业中取得实际应用。

契约

据说曾有人问乔纳斯·索尔克(Jonas Salk)医生,谁拥有他开发的脊髓灰质炎疫苗的所有权,他的回答是:"我会说,没有任何人。"这样的回答在今天看来是不可能的。1980年,美国通过了拜杜法案(Bayh-Dole Act),该法案允许研究机构拥有公共财政支持的研究成果归属权。自那时以来,发达国家中的大学已经变得热衷于从研究中取得经济利益,通常采用知识产权保护、商业许可,以及成果溢出成立创业型公司,并由大学部分占股等形式来实现。然而,有证据显示,这种商业模式的成功案例数量是有限的。当然也有一些很成功的范例会令人留下深刻印象,例如生物公司基因泰克。该公司创建于1976年,是将斯坦福大学"重组 DNA"的科学发现进行商业转化后成立的。2009年,该公司以接近500亿美元的价格卖给了瑞士制药公司。但是,这样的公司在由大学衍生出的企业总量中仅占很小一部分。

政府的确也有类似于大学的做法,把主要关注点落在专利、许可、合同、合作研究、孵化和产业化中心等方面,这些举措对以科技为基础的产业创新非常重要,但并不适用于所有产业领域,通常它们与服务业、资源行业、传统行业如制衣和纺织等的相关性并不高。此外,政府忽略了社交网络对增进大学和企业之间"交往"的重要性,这对新的研发和促进科技成果的潜在应用是非常关键的。尽管对于许多企业来说,尤其是一些小公司,它们与大学合作的目的是为了马上解决问题,但是那些大公司更愿意与大学开展更广泛的交流,以进一步了解未来的研究方向。产业界表示,与大学一起合作的吸引力在于它们有不同的文化,大学老师有更多的时间去思考并验证新想法。

作为创新思想和知识创造与扩散的贡献者,大学和研究机构需要不断沟通,并对如何才能更好地参与外部合作作出评价。如果大学和研究机构没有充分阐明作为创新的供给方应作出的更大贡献,那么政府和企业就不会对其进行投资。

区域和城市

在特定的地理区域内可以把创新集聚在一起,例如斯塔福德郡陶器区。这样做是出于经济上的考虑,因为地域相近可以大幅降低业务和交通运输的成本。同时,那些关联密切的公司通过提高彼此之间的相互认知,可以促进并扩散创新。社会和文化原因形成的创新集群和一些优势,源于在企业的分支机构或紧密关联的企业中人们存在着的身份认同和较高的信任感。知识具有粘性,尤其是当知识很复杂或者很隐性并且不能用文字清晰表达时,就很难从知识源向外传播,因此就需要借助于一些紧密关系进行知识的交流。

邻近旧金山的硅谷是最著名的创新区,也是高技术企业和人才聚集的一个区域,激励了全世界不计其数的地区进行效仿,但成功的很少。有很多因素造成了硅谷的进步和发展,其中政府起到了关键的作用,包括向当地大学提供土地优惠、激励产业发展的措施,以及充当购买国防领域高科技产品的大客户等。大学的贡献是提供研究和教育,培训科学家、技术人才和企业家等。斯坦福大学等一些科研机构则积极主动地研究政策,鼓励学术界与企业在电子和信息技术等一些领域开展合作。有大批的高技术企业在硅谷创业,一些公司已经成长为知名的大公司,如惠普、苹果和英特尔。这些都得益于硅谷高度专业化和活水般的劳动力市场,吸引了大批人才,也得益于企业与大学在科研方面的合作以及完善的专业服务环境,如风投和专利法律服务等。这些因素形成了一种区域文化,或者称其为"口碑",即聚焦于技术、敢于担当风险和高度竞争,并形成可良性循环的行动计划和回报。硅谷创造的大量财富、丰富的创新经验和企业家精神,又会反哺于新的创新活动。

通常,不仅是区域,城市也提供了创新的空间。纵观历史,从公元前5世纪的雅典到14世纪的佛罗伦萨,再到19世纪末的巴黎,城市在每个阶段都与创造力和创新密切相关。

城市是创新供给和需求的主要贡献者,大部分专利的产生和研发活动都来自城市,城市较高的可支配收入保证了较大的创新支出。一些城市被誉为学习中心,如牛津和海德堡;一些则被誉为工程创新中心,如斯图加特和伯明翰;还有一些城市被誉为金融服务创新中心,如伦敦和纽约;哥本哈根和米兰则被誉为创新设计中心。一些城市因它们独特的技术擅长而闻名,例如印度的班加罗尔和海德拉巴,台湾的新竹和北京的中关村等也因其支持科技创业而知名。很多城市的政府都努力制定政策以确定在哪些方面实施创新,形成与其他城市的比较优势。尽管有些城市被技术领先的硅谷模式所吸引,但重要的是其他一些城市采取了不同的方式,如致力于健康、时尚和传媒等领域。关于城市创新的内容还将在第六章中做进一步讨论。

政府

关于政府在支持创新中应扮演什么样的角色的争论,通常反映了政治观念上的差异。在许多国家,其中包括多数亚洲国家,认为政府干预创新是必要的。但是,在更多"自由市场"的经济体中,如美国,至少在口头上认为政府的干预是值得质疑的并应当避免,因为通常政府是没有能力"挑出胜者"的。然而,过去存在两种截然不同的观点,一种观点认为干预创新的政策会扭曲市场,并造成效率不高;而另一种观点则认为它是稳健经济计划中重要的组成部分。目前,有效的产业政策正倾向于比较务实的中间地带。这里,我们认为政府在创新中起着重要的作用,但是政策必须有选择性。

除了创新政策以外,政府推动创新的方法还有很多。一个稳定增长的经济环境,可以促进公司和个人对创新的投入并增强对风险的防范。有效的货币和财政政策对提振未来的信心也很关键。拥有很多富有的公司和个人的国家更有利于推动创新。好的教育政策能够使员工和企业家有能力创造、评估并获得创新机会,受过良好教育的公民更有能力帮助国家探讨创新,决定使用哪些科学和技术,应该推出什么样的新产品和新服务。政府在研究上的投资提供了很多创新的机会,在发达国家平均占 R&D 总支出的 1/3,这些投资通常比来自私营部门的投资更具有长远性。竞争政策能阻止通过创新壁垒实施垄断;贸易政策能扩大创新产品和服务的市场规模;知识产权保护法能提供创新的动力;一些领域的规章制度,如环境保护,能加快推动创新。政府准许向社会免费开放其获取的信息,可增加创新机会。但是,在高度连接的数字化世界里,除非政府采取措施,在收集和使用数据时能保护个人隐私并遵循道德守则,否则创新也会受到抑制。开放的移民政策可以源源不断地吸引海外各种人才,这对创新性思维至关重要。劳动关系法律有利于提供公平、稳定和参与式的职场以推动创新。

政府可以通过采购鼓励创新,任何国家的政府都是创新的最初购买者。在信息技术、基础设施、制药等许多领域,公共支出超过私人领域,所以政府采购是创新的主要推动力。

政府的领导力可以为创新营造良好的氛围。若政治宣言面向未来且雄心勃勃,则比轻松舒适、安于现状的言辞更能激励创新。这使人想起约翰·肯尼迪(John Kennedy)的登月计划或哈罗德·威尔逊(Harold Wilson)关于科学技术"白热化"革命的演讲。当公务员不再担心因轻微的错误或承担风险的行为而遭受责难时,他们也更愿意支持创新。

除了这些支持方式以外,许多政府还制定特殊的创新政策。过去,政策主要是针对研发活动,尤其是在支出的比例上,通常采用税收抵扣的方式,即公司通过对研发的投入而获得税收减免。还有很多其他类型的激励政策,例如通过示范工程展示重要的创新成果;设定咨询计划帮助组织提高创新能力;安排投资计划,提供创新补贴或提高风险资本的总量;创建新的中介组织,帮助科研和企业之间建立联系等。

政府制定创新政策的很多理由都获得了支持,其中最现实的问题就是对国际竞争的担忧。例如20世纪80年代,美国政府为应对日本在半导体行业领域日渐显现出的优势,组建了资金雄厚的美国半导体制造技术联盟——"Sematech",旨在研发竞争性技术。同期,在IT工业领域,许多泛欧洲计划也开始实施,以构建欧洲抵御来自美国和日本的竞争的能力。有一些鼓励创新的政策就是支持产业发展或提高公司福利,这种简单的方式不只是做慈善行为而已,世界上有些计划持续支持边缘选区那些境况不佳的汽车制造业也许就是一个例证。

政府干预创新的许多理由都源于"市场失灵"这一有争议的话题。有观点认为,承担投资风险的竞争者可以很廉价地使用研发创造的知识,投资的"公共"回报高于"私人"回报,所以会存在投资不足的倾向。为解决这一市场失灵问题,政府有理由对公司的研发给予财政支持。

假设创新政策中政府的投资占了很大一部分,那么这种支持研发的形式也有许多局限性。首先,它关注的是研发,而研发只是创新的一个要素,在许多产业环境中并不是最重要的,而且被认为是"研发"的活动也是有限的,并不包括一些重要的创新要素,比如软件开发和原型设计。第二,它误解了对公共回报的投资。公司获取他人的研究成果并不是没有成本的,公司需要进一步投资,让接受者能够吸收新思想。第三,如果市场失灵导致在研发领域的投资并不理想,那一定还存在一个最优的投资水平,但是几乎没有这方面的佐证。第四,对研发的支持也是经常使用的方法,一般都是采取税收减免的方式对研发支出进行抵扣,而不是关注研发的效果。在没有政府资金投入的领域中那些需要投资的研发活动也很少获得支持。税收优惠政策广泛适用于整个行业，因此很难聚焦战略目标。此外，应用和遵循税收政策通常需要大量的资源，这就有利于财力雄厚的大型企业，而不利于更值得支持的小企业。

另外，我们可以从体系缺失的角度去观察政府的创新政策。政府关注的国家创新体系是我们接下去要讨论的问题。用刻板的、可预测的方法存在着危险，因为它不符合创新本身通常易变、不可预测的实际情况。尽管政府对此持保留看法，但从政府的角度出发去构思创新体系是有价值的，因为只有政府能够担任全面思考国家创新体系的角色，而且只有政府能影响创新体系的整体架构和功能。政府能够评估绩效、找出差距和弱点，并且支持机构和政策来建立联系。关于国家创新体系政策制定的挑战是：大部分关注点集中在描述体系的构架，而不是研究这个体系能做什么，或者更重要的是，它应该做什么？

制定创新政策的基本准则是在更大程度上鼓励和促进新的创意在经济领域和国家创新体系中流动，增强其成功结合并得到实施的机会。新创意的流动经常不可预测地发生在许多领域，例如在制造、服务和资源产业之中、在公共和私人领域之中、在科学、研究和商业之中，以及在全球的研究网络或产品供应链之中。因此，创新政策应鼓励创意的流动，应考虑组织吸纳和应用这些创意的能力，还应关注阻碍创新贡献者之间进行有效连接的因素。

鼓励创意的流动需要开放式的信息获取、公共财政支持的研究成果、将用户和知识供给方进行对接的经纪人联系机构、激励或至少不阻碍创新投资的规范以及睿智的知识产权法律，它可以帮助我们应对为鼓励知识交易强调了拥有权但无法对知识垄断采取抑制手段的一种长期挑战。组织对创新的接受程度取决于接受者的技能、组织和管理质量。一般的创新政策，如研发税收优惠，仅能在一定程度上提高组织选择和应用创意的数量和质量。

体系

日本工业在20世纪七八十年代取得令人难以置信的成功，这促使人们开始研究其背后的原因。一种分析认为日本有能力把不同的经济元素组织到其国家创新体系中。这种观点认为，日本政府在组织大公司对重要的和新兴的工业领域进行投资时起着核心作用。例如日本在消费电子领域中获得强劲的发展,应归功于高效率的国际贸易与工业部(MITI),是它们通过搜集全世界有关新技术的信息,然后组织大型电子公司,如东芝(Toshiba)和松下(Matsushita)等开始实施,从而在这一新的领域中取得了领先优势。在这一例子中可能对日本政府的能力有所夸大,但政府的影响力确实发挥着重要作用。这也促使研究人员开始思考国家机构和民族特征在推动创新中的作用,以及它们组合成创新体系的方法。希望通过这项研究了解国家创新体系中主要参与者的角色以及他们最重要的互动方式,为在国家层面上推动创新提供新的能力。

关于国家创新体系的早期研究有两种方式:第一种方式主要研究对象是美国,从经济和法律角度出发,重点关注科研类、教育类、金融类和法律类等国家层面的关键组织机构。这类高效的国家创新体系的特征是:高质量的研究为企业发展提供新的机会;有培养高素质研究生和专业技术人员的教育体系;有投资于高风险项目的资本市场以及新的和正在增长的风险资金,同时,还具有强有力的知识产权法律保护。第二种方式主要是以斯堪的纳维亚(Scandinavian)为代表,重点关注社会商业关系。这类高效国家创新体系的特征是:客户和创新供应商之间有着紧密的联系,这种联系会受到社会中人与组织之间的信任度的影响以及由此形成的知识的影响。

这些研究最初是从学术兴趣开始的,主要是分析和弄清为什么创新会发生,为什么会有独特的形式。比如,为什么一些国家,如美国,在激进式创新方面特别强,这可以解释为它们有很强的基础研究实力;而另一些国家,如日本,在渐进式创新方面很强,这可以解释为客户和供应商之间有效的信息交流。然而,国家创新体系的概念很快被政府和公共政策所接受,成为规定和规划、机构和机构之间如何构成相互关系的一种手段。一些国际组织,如OECD,已编写了大量关于各国组织机构的报告。不过这些报告通常都是描述性的、静态的,不能解释国家体系如何随时间进行演化。但它们确实做了非常有价值的观察,表明最重要的不仅是国家已有的那些机构,而是它们应该怎样有效地、协调地运作。

与此同时,国家创新体系的研究得到了蓬勃发展。一些人开始提出,国家是否是最有用的研究层面?提出这个疑问是因为一些国家通常在某些产业领域和某些区域能取得创新的成功,而在另一些领域和区域却没有获得成功。例如,美国在加利福尼亚州有成功的硅谷,但是在东北部地区却仍有逐渐衰落的重型机械和钢铁产业"锈带"。研究者们已经强调了区域、行业和技术创新体系的重要性。他们研究了一些成功区域的特征,如波士顿周围的"128号公路"、马萨诸塞州的剑桥、英国的剑桥、法国的格勒诺布尔以及韩国的大田。他们也研究了机床和纺织工业创新模式的差异性，探究了为什么生物技术领域的创新与纳米技术领域的创新会如此不同。因为在创新中许多大型跨国公司都投入巨资并开展国际化经营，所以研究者们也提出了全球创新体系的作用。

　　创新体系的概念是一个建设性的框架。但是社会系统不像工程系统那样，组件和组件之间的相互作用是可知、可计划并可构建的，它会发生不可预见的事件，系统也不会按我们期望的方式进行演化和改变。例如，哈佛大学早期曾引领生物技术的研究，但后来却输给了斯坦福大学，因为新当选的波士顿市长是一个民粹主义者，他认为民众担心基因研究会带来难以估量的后果。更为重要的是要思考这种方法，它们能使所有支持创新的机构互相关联，并随时间以及商业活动和商业关系进行演化。无论是全球的、国家的、区域的、行业的或是技术的创新体系，最重要的是要理解这些机构之间是怎样相互作用和共同发展的。从以下两个例子可以看到创新体系中诸多贡献者之间的相互作用：一个例子是关于日本住宅产业与社会、文化、政治和经济因素的影响，另一个例子是关于中国的研究所。

日本住宅

日本的工业发展源于其历史悠久的传统手工业。这些传统在日本当今社会依然盛行,例如日式茶艺、烹饪方式及陶艺设计等。研究日本工艺技能与创新之间的关系,可以看出社会和文化因素对创新体系的影响。几个世纪以来,所有的日本房屋都是由手工艺匠用当地木材建造的,这个传统一直持续到明治时期(1868—1912)。当时,受其他国家建筑影响,日本引进了新的建筑技术。日本的房屋设计布局简洁,有滑动屏风,也影响到西方的建筑师如格罗佩斯(Gropius)和柯布西耶(Corbusier)。

从历史上看,日本的房屋建筑一直依靠数以万计的以木工为主的小公司,采用传统的梁柱结构,每家公司每年只能建造几座手工房屋。日本房屋的设计传统依然十分突出,比如日本人对木头之间精巧而复杂的榫头一直十分偏爱,它们早已成为木匠艺术的品质标志。这些榫头不仅能满足审美情趣,在地震时还十分坚固。然而,世界上最先进的、工厂化制造的房屋产业正是在这个非常保守的背景下出现的。需求不断变化,房屋供应有了新的来源,这些就促成了住房产业的创新。新的产业已实现高度自动化,手工技能也得到了很好的传承。

二战以后,很多因素加速了日本住房的创新。战后的日本面临材料和技能人才的严重短缺。20世纪50年代日本迎来了一波巨大的城镇化热潮,住房有了巨大的需求。受新兴制造业招聘员工和城市生活方式的吸引,每年有成千上万的人从农村涌入到东京、名古屋和大阪等迅速扩张的城市群中,大规模的城镇化过程一直持续到20世纪六七十年代。西方的生活方式变得更受欢迎,一些消费者开始放心使用大规模方式制造的产品,它们都出自于那些迅速发展起来的公司,很多人都在为这些公司效力。

工业化造房的主要推动力是材料和零部件的生产企业,尤其是钢铁、化工、塑料、胶合板公司等。它们将注意力转向新兴市场的发展上,其中一些开始以工业化方式建设自己的生产车间。丰田公司开设了一个住建部门,由公司创始人的儿子来领导。丰田的主要目的是建造高质量的、规模化生产的房屋,作为丰田自己的生产车间,它的第一条住宅生产线就紧挨着汽车生产线,已上线运行。2009年,丰田已经拥有6个住宅制造厂。最近,公司又在日本第二大的造房公司中占了50%的股权,这家公司在过去19年中连续获得了日本"最佳设计奖"(Good Design Awards)。

工业化的大型公司以市场化的方式把住宅出售给新的中产阶级。在设计中它们吸收了传统手工的理念，同时进行了很好的质量控制，提高了工业化制造的可靠性。这些大公司还成立了研发中心，研究住宅技术，并对生活方式上的需求和使用习惯进行评估。日本的城市空间十分有限，因此，在住房的利用上更加关注设计和功能性，同样更加关注新材料的开发和生产工艺。即使在现代住宅的设计中，这些公司仍然会继续提供传统手工制作的榻榻米房间，这种把现代化带来的便利性与传统手工艺相结合的方式，同时满足了人们的生活习惯和对住宅偏好的需求。

1964年，东京奥运会对快速建造宿舍提出了需求，促进了卫生间设计和制造模块化的创新，于是诞生了一个新兴产业，有多家工厂每月生产10 000多个高质量、全配置的卫生间模块，以满足消费者的特殊需求。

住宅工业投入了大量资金进行研发，包括新材料开发，如建筑墙面纳米涂层材料，以及设计适合多代人居住的房屋等。模块化设计使得单一房间可以重新进行多样化配置：例如，为年轻人配置聚会的空间；为年轻父母配置离婴儿室近的卧室；为父母设计离青春期子女房间稍远的卧室；为客房预留一定空间；以及方便老年人进出的房间等。

研发的投资已从工艺技术转向产品性能,重点强调环境和能源管理。研究方向转向低碳住宅、安全性和功能性,以及拥有电子传感器和控制装置的"智能"住宅。像丰田那样的公司,已经在燃料电池以及住宅用可再生能源等领域进行投资。通过设计这样一些系统,使得房屋可以为丰田汽车供电,在必要时汽车也可为房屋提供能源。那些主要的生产厂商都在研究如何减少废弃物、实施组件再利用和再循环。一旦房屋的基底建造好了,客户定制的房屋就可以在几个星期内运达、安装并调试达标。

新工业给乡村的人工建筑带来了挑战,同时也暴露出传统手工艺低效、高成本并且缺乏创新的缺点。尽管许多人买不起传统工艺建造的房屋,但对手工的需求依然很高。那些木工铺和小的建筑公司没有资源投资现代生产技术,而大的工业化住房制造商又对分散的乡村市场不感兴趣,所以,以手工为主的住宅产业正日渐消亡,住房标准也不断下滑。

当林业开始为传统的手工房屋提供木材时,这一问题得到了解决。作为牵头的企业,住友林业株式会社(Sumitomo Forestry)引领了这一领域的创新。它的工作主要集中在将传统的榫头制作过程中耗时又昂贵的开凿工艺实现自动化,开发了计算机数控木材加工机器，在日本乡村近600个微型工厂中得到了使用。当地的木工匠可以把他们的设计带到工厂进行加工，制造木质骨架的时间只占到他们用手工切削所花时间的很少一部分，这就使得生产效率大幅提升，也使传统手工业在现代化工业的大环境下得以继续生存。

中国的科学技术研究所

最近几十年，亚洲工业引领了地区社会和经济的非凡发展。例如，韩国从20世纪50年代世界上第二贫穷的国家，一跃成为OECD的成员国之一（OECD是由世界上最富有的30个国家形成的组织）。亚洲工业在科研、教育、金融和法律等领域得到了快速发展，由此促进了提高当代竞争力所需的动态化企业和技术的变革。韩国、中国台湾地区和新加坡正在发展相互关联的国家创新体系，日益成为全球创新的重要贡献者。但是它们的发展模式却各不相同。例如，韩国主要依靠大型集团公司，台湾地区依靠小企业网络，新加坡则依靠大型跨国公司的直接海外投资，中国很务实地利用了所有这些模式。因此，中国是研究关于创新体系演化以及机构在体系中的作用的一个非常典型且很有价值的范例。在东亚，发展过程会受到国家的强烈导向，当然中国尤其突出。

中国曾经经过了历史上最快和成绩最为显著的工业发展。在经历了第二次世界大战、国内战争和文化大革命的创伤之后,它已发展成为当今全球的制造业大国,并在科学、技术、教育等方面进行了大量投入,在创新方面对西方的霸权地位形成了潜在的挑战。中国国家创新体系的改革,无论是过去的成功还是未来的挑战,它的特征可以从其科学技术研究所的变化中看出。这个例子显示了政治和经济因素对创新体系的影响以及改革带来的持续性挑战。

中国的科学技术研究所有近一百万名员工,在过去20多年里经历了最大的体制改革。近年来,国家对研究所的投资有了大幅提高,从1999年开始,国家在研发方面的投入以每年20%的速度增长。20世纪80年代中期,中国实行了经济体制改革,研究所彻底改变了它们在50年代建立起来的科研与市场脱节的苏联模式,政府削减了预算投入,迫使它们面向市场开展研发活动。此外,在20世纪90年代,随着政府产业部门的改革,约有2 000多家应用开发类研究机构转制为企业。

改革取得了成功,但依然存在挑战。研究所和市场关系的不断加强催生了一批中国最为成功的创业型企业,例如联想,这就使得中国科学研究的重点转向市场。但是,研究所仍然需要努力保持对基础研究的投入,并对产业界感兴趣的领域进行研究。有一些人抱怨说,从事科研的商业转化使他们在主要任务上分散了精力。人们所关心的仍然是与工业界联系的效率。尽管科研人员认识到他们的利益来自市场,他们也改变了已有文化,但想要建立对工业界而言具有吸引力的合作模式依然任重道远。

产生这个问题的部分原因是中国的企业普遍缺乏对新技术的接受能力,在创新技能方面存在一些薄弱环节,例如风险评估,这就限制了对研发和创业型小企业的投资。风险投资基金更倾向于投向已建立的公司,银行支持创新的投资一般也都针对大型国有企业而不是创业型小企业。此外,创新热点主要集中于制造业和高科技领域,而不是服务业。

政府也越来越认识到创新政策不仅仅只是引导研发方向,而应该更关注如何提高企业的创新绩效。事实证明,相对于后者而言,国家对前者的导向更容易实现。顾淑林(Shulin Gu)和伦德瓦尔(Bengt-Åke Lundvall)等创新体系研究者提出,是否只有当社会资本和信任达到一定程度时,科研人员和商业人士才能深度融合,一起共事,实现成功创新。

中国在过去十年里的创新改革源于强有力的政治领导。政府高层意识到,自80年代以来,依靠出口拉动和制造业为主带动经济高速增长的发展模式已经难以维持中国社会所期望的发展水平。胡锦涛主席已号召建设创新型国家,探索一条有中国特色的创新道路,在中国称为"健康、协调、可持续发展"。对包容性发展的迫切需求是当代中国创新面临的最重要的挑战,其中包括通过创新缩小贫富差距,解决沿海地区和内陆省份经济发展不平衡问题等。要与西方的创新进行竞争,中国国家创新体系的改革还需要有一个不断完善的过程。

第五章
托马斯·爱迪生的组织天赋

如何应对创新中不断变化的挑战,组织可以有很多选择。它们可以采用不同的组织结构和流程,也可以选择员工并采用激励措施等,这些都反映了组织的战略和创新的目标。

爱迪生

托马斯·爱迪生(1847—1931)以其大量的发明和创新活动而闻名。他取得了众多非凡的成就,拥有1 000多项专利,发明了留声机、电灯泡和电力输送系统,改进了电话、电报和电影技术。他还创建了许多著名的公司,例如通用电气公司。

他负责开创了一种高度结构化的创新组织方式,这一点正是我们这里要讨论的。

爱迪生出生于一个大家庭,是家里排行最小的。他从小家境贫寒,接受的正规教育不多,12岁就开始打工了。他不幸遭受耳聋的痛苦,对他以后的生活和工作产生了很大的影响,这一切都和约舒亚·威治伍德很相像。同样地,这一不幸激励了爱迪生更加努力地工作,并且和威治伍德一样,爱迪生也仰慕托马斯·潘恩(Thomas Paine),他影响了其民主世界观的形成。爱迪生性格耿直、暴躁,是个急性子,但是他风度翩翩、善良并且慷慨大方。

爱迪生的工作生涯是从当报务员开始的。每当值夜班时,他就开始做实验,但那时他并没引起别人的注意。22岁那年,他发明了第一个专利——电子投票记录仪,并获得了奖励。从此,因发明创造而名声远扬的爱迪生开始从底层进入到上流社会。1878年,他在白宫为海耶斯(Hayes)总统演示了留声机。他还是亨利·福特的好朋友,号称影响了福特后来的汽油发动机。他的商业合作伙伴里还有那时最为杰出的投资商,JP摩根(JP Morgan)和范德比尔特(Vanderbilt)。

爱迪生经营业务的方式是无情和残忍的。他要求员工对创新进行不断的改善,对反对者也会不遗余力地进行攻击。

他发起了反对交流电支持直流电作为电力传输的运动,结果导致一场令人厌恶的舆论战争,公众要求通过电椅来演示直流电和交流电各自的优点。爱迪生没有回避,他利用电击动物实验来揭示交流电的危险性,其中包括纵然脾气暴躁但还是很不幸的大象"Topsy",爱迪生把"Topsy"在月神公园的死亡过程拍成了电影,并进一步广泛宣传。但是最后,还是系统卓越的交流电取得了胜利。这场技术标准的生死战清晰地展示了拥有技术主导权的价值。

爱迪生尽管取得了巨大的商业成功,但也遭遇了很多失败。他曾经转向相对昂贵但却没有效益的采矿和水泥制造业。他没有认识到公众对音乐家名声的兴趣,很多年一直拒绝用他们的名字给唱片命名。但是,爱迪生很泰然自若,他声称自己从来也没有失败过,只是发现了 10 000 个不能工作的方法。

爱迪生非常重视专利所有权,无论他个人在实验室研究成果中的贡献有多大,专利权都归属于他。一位跟随他很长时间的助手说:"爱迪生实际上是一个集体的代名词,他是很多人工作的总称。"他极度地保护着自己的专利,有时却漠视他人的知识产权,同他的商业伙伴一起经常利用专利来阻止竞争对手的发展。

爱迪生的一生广受赞誉,被新闻界称为"奇才"。但他也遭到竞争对手的恶意批评,其中包括尼古拉·特斯拉(Nikola

Tesla),因为他有很多苦涩的理由。特斯拉在为爱迪生工作时期发明了交流电,但爱迪生没有支付他所承诺的报酬。后来特斯拉与西屋(Westinghouse)公司一起将交流电实现了商业化。晚年的爱迪生很懊悔他对待特斯拉的方式。据推测,尽管爱迪生有很多机会,但他没有继续发展交流电,其原因是这个技术不是他自己发明的。这也是一个"不是这里发明的"案例。爱迪生去世后,特斯拉曾给他的后辈们说,他以前的老板完全无视最基本的卫生习惯。

爱迪生组织发明的方式来自他的整体创新方法。他经常尝试各种研究路线,开放多种选择,直至最后出现有最具竞争力的选项时,才将资源和精力进行聚焦。爱迪生同时会运作多个项目并下些本钱,这样其将来的收入就不会只依靠一个项目。他非常清楚,解决一个问题时会引起其他许多意想不到的问题,也理解机会、运气和"意外"的价值。

爱迪生探索了怎样把不同领域的想法进行潜在的结合,并形成了一种策略:即把其他机器上可靠的组件作为新设计的构件进行再利用。爱迪生说,他随时准备好吸收来自不同地方的创意,甚至通常是从别人遗弃的地方开始。例如,电灯泡的发明和商业化,就是整合了由研究人员、金融界人士、供应商和销售商等很多人的创意。尽管电灯泡的创意已经存在了几十年，但是，爱迪生利用低电流、碳灯丝和高真空技术，开发出了能够持续使用相当长时间的产品。他的原则就是尽可能多地在较小规模上实验并研制原型，而且使设计尽可能简单。一旦有了突破，他就意识到必须投入大量持续的研发和实验，才能将其转化成为一个成功的产品。爱迪生说，通常要花费5～7年的时间把一件事情做完美，有一些事情甚至25年后还没能解决。正如他所说："天才是1％的天赋加99％的汗水。"

爱迪生深知，最大的价值回报是在技术系统的控制者那里而不是单个组件制造商，因为制造商依赖于系统的配置。1882年在纽约开始发展的输配电工业中，他的系统性思维表现得淋漓尽致。因为爱迪生意识到人们对陌生事情会有所担忧，于是，他聪明地把新旧设施融合于电力系统中。他用人们熟知的基础设施输电，例如，像铺设煤气管道一样在地下铺设输电线缆，而在家里则利用本来就存在的煤气装置。

爱迪生组织实验室的方法是建立在其他人经验基础之上的，就像他的许多其他创新一样。在爱迪生开始职业生涯的电报工业时，有一些小的研究作坊拥有一部分实验设备，爱迪生在其中一个位于波士顿的小作坊里做实验。1869年，他到纽约后，在开始建立自己在纽瓦克市（Newark）的实验室之前，他就利用另外一个实验作坊设计股票行情自动收录机。

爱迪生的组织化创新存在于研究活动的各个方面，他比以前的任何一个组织都要投入更多的金钱和技术用于创新。

爱迪生于1876年建立了门洛帕克（Menlo Park）实验室，这样他就能够全身心地投入到"创新事业"中了。他为自己配备了核心的技术人才，包括绘图员、机械师、会计、数学家、实验分析师、化学家、吹玻璃工人以及图书管理员等。门洛帕克是个离曼哈顿25英里的小村庄，1880年时，全村200人中有75人在为爱迪生工作。一开始，在门洛帕克只有办公室、实验室和机器作坊，后来几年又增加了玻璃房、摄影棚、木工车间、生产碳的简易车间、铁匠铺和另外一些机器工坊，他还盖了一个图书馆。

那时，在美国仅有少数一流的大学有实验室，而且设施配置比较简单，主要用于教学。但是爱迪生却有非常精密的科学设备，包括昂贵的电流表、静电计以及光测量设备等。仅仅两年的时间，其设备的股票市值已经达到40 000美元（相当于2008年时的890 000美元）。

爱迪生的目标是在一个地方拥有发明创造和创新需要的所有工具、机器、材料和熟练工人。而在门洛帕克能把各种有技能的人员组合起来是依靠了当地社区密切的社会协调作用。

在顶峰时期，爱迪生有200多名机械师、科学家、绘图员和创新辅助工人。工作通常按照10~20人的团队来组织,每个团队的工作都是把已有的创意转化成原型。由于团队中的每个人有相同的目标,所以沟通和相互理解尤为珍贵。在门洛帕克的6年间,爱迪生注册了400多项专利。他的目标是每10天产生1个小发明,约6个月促成1项大发明。

1886年,爱迪生把主要实验室搬到了新泽西州(New Jersey)西奥兰治(West Orange),比门洛帕克的实验室大十倍,扩大了研究规模和生产能力。爱迪生的传记作者约瑟夫森(Josephson)是这样描述他搬迁的原因的:

> "我将拥有最好的设备和迄今最大的实验室,我的设备比别人的都要先进,可以开展快速又廉价的研究发明,然后形成有一定模式和特殊的设备组成的商业化形态……通常需要几个月且投入成本很高的发明,现在只需两三天并且使用很少的开支就可以实现,因为我将会搬来一堆几乎能想到的所有材料。"

爱迪生工厂里制造研究所需要的部件,而研究开发的新机器又为工厂大规模生产服务。留声机的研发经历了40年,圆筒开始是用锡箔做的,后来改由锡和蜡复合而成,再后来用塑料制成。留声机最后的主要用途也不是爱迪生最初所想的那样。由于这项技术和市场被大家所认识,因此,能够快速规模化生产新产品的能力使爱迪生赢得了大量的市场份额。一段时期他在纽约的工厂曾雇佣了超过2 000名员工,这是当时最大的工业企业之一。与那些高标准的工厂实验室不同,规模化的生产工厂主要采用劳动分工的方式,这种重复的、低技能的工作模式引发了当时工业界的许多争议。

西奥兰治的制造规模需要较大的部门分工和行政管理,这花费了爱迪生很多时间。尽管西奥兰治的工厂具有较高的生产力,但却比不上门洛帕克时期非同寻常的产出。

爱迪生曾说过:"一个人,头颈以下的部分每天只值2美元,而头颈以上的部分是无价的,因为他的头脑能制造任何东西。"他谴责"没有头脑的人"和"呆头鬼",并且说:"一个人如果不能让他的大脑养成思考的习惯,他就失去了人生最大的快乐。"他虽然也会聘用研究生,但通常更喜欢通才而不是专才。有人认为,正是这一点限制了他的研究机构进一步发展。他招聘新员工的方式也很独特,开始几年,他会指着一堆杂物让应聘者把它们装配起来,然后告诉他是什么时候完成的。这堆杂物实质上是一个发电机,顺利把它组装起来的人就可通过测试并被录用。后来几年,他编写了很冗长的包括综合知识的试卷,需要通过这个考试才能提拔为企业未来的检查员。

图 8 爱迪生鼓励玩和努力工作，工人们正在参加一场"演唱会"

爱迪生的风格是给员工提供一个他需要的整体框架，然后让他们自己去决定实现目标的最好方式。他曾经说过这样一句倍受赞誉的话："嗨，这里没有规则，我们正在努力有所建树。"爱迪生的一名员工说："这里没有什么是私人的，每个人都可以自由地看到他想看的东西，并且老板将告诉你所有其他的东西。"他的管理方式是在走动中给员工建议和鼓励，爱迪生一天工作18小时，从实验室的一张桌子走到另一张桌子就是他所有的运动了。他说："这项运动给我很多的好处和娱乐，比我的一些好朋友们或一些竞赛选手们打高尔夫球得到的锻炼还要多。"爱迪生的传记作者鲍德温(Baldwin)是这样描述他的:"他迫使自己在过道上来回踱步,总处在大伙的视野下,作风民主,他无处不在并不停地四处察看,袖管卷得高高的,没有弹去的雪茄烟灰不时掉在焊接工和切割工的肩上。"

爱迪生的员工工作时间特别长,特斯拉曾抱怨说在他工作的前两周只睡了48小时。传说爱迪生曾连续工作了5个昼夜,或许是三天三夜,但人人都知道要在工厂里找到爱迪生的最好时间是半夜以后。他的另外一个传记作者米勒(Miller)写道:"在爱迪生的实验室里睡觉就是犯了重罪,是一件很耻辱的事。如果赶上老板在打盹时,大伙都可以跟着眯一会儿。"他们使用各种办法阻止打瞌睡者,例如"尸体的清醒剂",就是在耳朵边上播放很恐怖的噪声;"死者的复活"法,即点燃一个小型爆燃物将睡着的人惊醒。

为爱迪生工作也很危险,他的一个主要助手克拉伦斯·达利(Clarence Dally)在用荧光法进行实验时失去了一只胳膊和手的大部分,爱迪生在那次实验中也差点失明。据当地报纸报道,爱迪生很慷慨地说,虽然达利不能再做什么工作了,但他将继续给他发工资。

约瑟夫森记载了爱迪生两名员工的感受,颇有启发。第一位是一名年轻的求职人员,招聘人员告诉他:"每个人找工作时都要问两个问题:你们能支付多少工资?工作时间是多长?我们的回答是:我们什么也不支付,而且整天都工作。"这名求职人员接受了这份工作。第二位是为爱迪生工作了50年的老员工,因为长时间工作他作出了巨大的牺牲,包括没能照顾自己孩子的成长。别人问他为何要这样做时,他回答说:"因为爱迪生让我感到工作很有趣,他让我感到我能为他做些什么,而不仅仅只是个工人。"

爱迪生的这些方法今天看来尽管太过苛刻,但他却激励了有创造性且富有成效的员工。虽然尼古拉·特斯拉没有拿到他应得的奖金,但爱迪生的核心员工都能够从创新的回报中获得奖励。爱迪生通常和员工们一起开展社交活动,如吃点心、抽雪茄、讲笑话、聊天、跳舞、唱歌等,他组织了非常受欢迎的夜宵活动,并提供电动铁路玩具和宠物熊供大家娱乐。管理学家安德鲁·哈格顿(Andrew Hargadon)说:

"工程师们为了寻找解决方案通常连着几天一直工作,在深夜才停下来,吃着馅饼、抽着香烟,在巨型管风琴的伴奏下唱着流行歌曲,结束实验室一天的劳累。"

米勒德(Millard)曾引用爱迪生一个助手的话说:"那是一个由志趣相投的、散发着青年男儿朝气的人组成的小社区,他们对工作充满热情,对结果充满期待",对于他们来说,工作和娱乐别无二致。

特斯拉抱怨说爱迪生过分专注于天赋和直觉,忽略了理论与计算,而且实验室的工作有时看上去很混乱。为了给电灯泡灯丝找最好的材料,他用看上去几乎不可能的材料去做实验,如马毛、软木塞甚至是工人的胡须等。在碳丝白炽灯研究取得突破后的几个月之后,员工们都还没有认识到这一发现的价值。

不过,爱迪生的实验室也有重点和规则。爱迪生告诫大家永远不要去完美地追求一个还没想好有什么用途的发明,他说只有当他发现这个世界需要什么,他才会去推动发明创造,所有的项目必须有一个实际的商业应用。尽管爱迪生以"猜想"著名,但他坚持让实验室助手对实验要做详细的记录,这些记录簿已超过 1 000 本,这对申请专利和解决专利争端也有帮助。实验的范围也是非常广泛的,涉及 6 000 多种不同种类的植物,其中主要是用来做碳灯丝的竹子。在开发铁镍电池时他们做了 50 000 个单独实验。爱迪生的一名助手与一位同事密切合作针对一个具体问题做了 15 000 次实验。

西奥兰治有一个很大的图书馆,里面有 10 000 多卷藏书。爱迪生经常阅读生物、天文学、机械、玄学、音乐、物理和政治经济学等各种专业的书籍。尽管有人指责他轻视正规教育,但实际上他聘请了两位杰出的数学家,其中一位后来担任了哈佛大学和 MIT 的教授。其中有一位化学家被称为"基础的劳森(Basic Lawson)",因为劳森一直坚持做基础科学原理研究。爱迪生和巴斯德及德国物理学家、医生亥姆霍兹(Helmholtz)见过面,并且很崇拜他们。听上去有点不可思议的是,萧伯纳(George Bernard Shaw)也曾在伦敦为爱迪生工作过一段时间。

实物制作和绘图都是创造和交流沟通的重要基础。引用爱迪生的话来说:"灵感甚至可以从一堆废物里产生,有时你很有创意地把这些废物装配在一起,就会发明出某样新东西。"1887 年,他的实验室已经很有名气,有 8 000 多种化学制品,有各种类型的螺丝钉、绳索、电线电缆和唱针,还有各种动物包括骆驼、水貂以及孔雀和鸵鸟的羽毛、蹄脚、犄角、贝壳、鲨鱼牙等。爱迪生发现图像思维比文字容易,1877 年,西部联盟电报公司和他签署合同,希望提高亚历山大·格雷厄姆·贝尔(Alexander Graham Bell)发明的电话机,他画了500多张草图,最终使产品的设计得到了改进。

除了他自身的努力,爱迪生还用心培育了自己的商业和研究网络。他是一名技术经纪人,在企业间转移研究成果。他除了自己的试验研究以外,还承担了电话、电灯、铁路、矿业等公司的合同研究。正如哈格顿所说:

> "爱迪生悄悄地模糊他为别人做的实验和他自己做的实验之间的界限。谁会知道他是否把合同研究的成果用到了另一个项目中,或者是否将为一个客户做的实验设备用到了另一个客户的工作上。"

根据哈格顿的说法,他持续创新的能力在于他知道怎样利用当时网络式的工作格局。

爱迪生的方法是敢于试错、努力、耐心、系统化、严厉、有目标、有准备、监管仔细等。他深信,创新不是来自某一个天才而是合作,这种合作和跨界的能力源于一个相互支持的文化、环境以及社会和工业的交往联系。

爱迪生的工作正处在伟大的个人创新者和系统化、公司组织化创新的转折年代。他为新兴现代技术社会创建了一种新的组织方式,很快被如贝尔、通用电气等大公司效仿。1928

年6月24日《纽约时报》一篇文章说,据估算,爱迪生的发明所创造的工业价值达到150亿美元(相当于2008年的1 880亿美元)。他名扬全球,胡佛(Hoover)总统打电话给爱迪生,称他"造福了整个人类",并在他去世后号召人们"熄灯一分钟"纪念他。1931年10月18日,《纽约时报》刊登了他的讣告,讣告一开始写道:"托马斯·阿尔瓦·爱迪生让人们在这个世界上生活得更好,他把相对奢华的生活带给了劳动者。"一个创新者无法作出如此伟大的贡献。

图9　胡佛总统号召熄灯"一分钟"来纪念爱迪生的杰出贡献

工作场所

正如爱迪生所清晰展示的那样,创新更有可能发生在有前瞻性的、敢于冒风险的、并能包容分歧和宽容失败的组织里。一个充满俏皮乐趣和欢声笑语的工作场所比一个高度正规的、官僚化的、没有人情味的地方更有可能实现创新。一个可以畅所欲言的地方,不仅经常会产生一些新创意,而且会执行得更快。凡是建设性的反对意见就要随时提出,而不要去做事后诸葛亮。

美国艾迪欧(IDEO)公司是一个有高度创新工作场所的公司,它努力效仿从爱迪生的组织方式里学到的很多做法。艾迪欧是成功的创新设计服务供应商,在全球雇有550多名员工。公司利用在工作室和设计学院的环境里学到的创新技术,帮助其他公司创新产品和服务,在业内享有盛誉。艾迪欧把"人因研究"、美观设计和产品工程知识融合于产品的创造,为许多公司如苹果、耐克、普拉达等设计产品,其中包括计算机鼠标、掌上电脑、系列相机和牙刷等。它设计的鲸鱼造型在电影《人鱼的童话》(Free Willy)中成为领衔的角色。艾迪欧已创造了3 000多个设计产品,它在每一次设计中都可创造

60~80个产品。《快速公司》(Fast Company)杂志称其为"世界上最著名的设计公司",《华尔街日报》(Wall Street Journal)称其为"想象力的游乐场",而《财富》杂志称赞道:参观艾迪欧是"给你很多创新的一天"。

艾迪欧从事的项目差异性很大,因此公司招聘了各个领域的人才,并与斯坦福大学设计研究院保持着愉快的合作。公司还聘用了一些心理学、人类学、生物工程以及设计工程学的研究生。

艾迪欧的领导层在国际设计行业都有很高的知名度,他们声称自己有一个创新的文化,即淡泊地位、热衷于交流、极少的自我主义,他们采用了这样一条准则:

> "一种能同时考虑用户需求、技术可行性和商业获利的协同合作方法,并且使用各种技能例如观察、头脑风暴、快速成型和实施等,使设计开发过程可视化、易评估和精细化。"

艾迪欧通过课程和培训资料的方式将它的设计方法出售给其他公司。它拥有一个很大的知识库或"玩具箱",里面包含有各种产品的器件和设计方案,员工可以从中寻找解决新问题的方案。这个"玩具箱"特别有用的是,或许你在为一个产业或项目寻找创意时却开发了其他领域的创新应用。在这样一个环境里尽情地发挥,会使得原本不相关的创意相互借鉴并且不经意地相互结合。

结构

爱迪生开创了一种组织方式,但是以什么样的结构获取创新的机会,组织却有很多选择。有些组织选择高度正规化和官僚化的结构;有些选择非正规、不受约束的方式;还有一些则两者兼顾,组织内的一些部门与另外一些部门的结构有所不同。

1961年,伯恩斯(Burns)和斯托克(Stalker)将组织的结构分为两种方式:机械式和有机式,这是关于组织创新的最早研究之一。他们认为前者适合于稳定的、可预见的环境,而后者适合变化的、不可预测的环境。我们仍可应用这样一个基本原则:即组织事物的方式应该适应创新所需要的特定环境和目标。如果像门洛帕克时期那样,技术和市场快速演变而且未来并不确定,就需要摆脱官僚化的束缚,鼓励探索和创造性。当不确定性减少以后,就需要一个更有计划性的方法去实施项目,严格规范的预算和操作规程能够加速创新的实施。此外,随着时间的推移,当创新出现各种不同问题时,组织的结构也要随之变化。随着创新过程的发展，组织的结构就要由"松"变"紧"。

研发

研发也能以不同的方式进行组织。过去，许多龙头企业专门依靠公司的大型实验室开展研究活动，如大规模的门洛帕克实验室。这种"集中化"研发的原型是贝尔实验室，顶峰时期的贝尔实验室聘用了25 000名员工，获得了30 000项专利，荣获6项诺贝尔物理学奖。此外，贝尔实验室还发明了三极管、数字交换机、通讯卫星、蜂窝移动收音机、有声电影和立体声录音机等。它在基础科学领域的科学发现之一是引领了射电天文学的发展。贝尔实验室于1925年在新泽西州成立，在被阿尔卡特朗讯收购之前是AT&T的一个研究机构。它在基础研究领域有很高的知名度，但像许多公司的实验室一样，已逐渐转向更多的应用研究领域。

从商业角度来说，"集中化"研发组织结构的缺点是与顾客的需求相差太远，而且一般在一个研发方向上会投入很长期的研究。相反，一些公司不是拥有一个中心实验室，而是采取了分散化的研发组织结构，将实验室建立在离特定业务或客户很近的地方。这种结构形式的缺点在于研发容易聚焦于短期问题,而错过激进式创新或破坏式创新的机会。为了兼得两种方式的优势,一些公司把中心实验室和一些分散化的实验室进行了结合,但是这种选择也仅限于那些有实力的公司。

还有一些组织干脆不再设立正规的研发组织结构。从事半导体产业的英特尔公司尽管每年有10亿美元的研发经费预算,但从来没有建立一个内部的研发机构。它依靠在大学和硅谷技术社区中的网络获得研究成果。这种"网络化"研发组织的挑战在于组织内部必须要有接受外部研发知识的消化吸收能力,组织内部人员需要足够的能力去理解、转换和使用外部的知识,同时自身需有很深的专业技术造诣,才能吸引到高质量的研究伙伴。

组织在研发领域的挑战是要在长期和短期之间找到平衡。长期研究能为企业带来新的选择并为潜在的颠覆性技术提供新见解,而短期研究则能立即解决具体问题。无论组织采取什么样的研发形式,都会有不尽人意的地方。对于集中化的结构,客户需求的重要性被忽视,而分散化的结构又可能失去潜在的有价值的创新。当公司两者兼顾时,经费平衡压力以及项目所有权问题等都会始终存在。网络化研发的问题是管理和整合那些从不同渠道获取知识的难度,以及知识产权的纠纷问题。

近几年来，有一种既能提高公司内部研发的回报，又能通过外部合作实现创新的战略，被亨利·伽斯柏（Henry Chesbrough）称之为"开放创新"。家用产品供应商宝洁公司是采用开放创新的一个范例，也是一个有着很强内部研究实力的科研型公司。因为过去宝洁公司就制定了这样的目标，即公司一半的创新资源要来自外部。因此，它的战略是"联合研发"，而不是90%依赖自己的研发投入。宝洁公司把自己内部的研究同外部研究联合起来，形成了在同一家公司中利用互补的创新组织方法获取更多利益的一种战略。

近年来，中国和印度快速增长的研发实力有可能改变许多跨国公司组织研发的方式。为使公司的产品和服务适应当地市场，很多跨国公司创建了海外实验室，聘用当地研究人才，并且建立了国际化的研究网络。特别是在信息和通讯技术领域，许多美国和欧洲的公司在印度和中国建立了实体研究机构。这些公司采取的战略随着时间的推移也会发生变化。例如，瑞典爱立信电信公司为了赢得政府合同，显示公司的信誉和承诺，于20世纪80年代开始在中国进行研发投资。20世纪90年代初期，爱立信公司增加了研发经费支出，并聘用当地廉价的研究人员,帮助爱立信公司的产品在中国市场获得了快速增长。当爱立信认识到无论是公司还是中国大学科研人员的研究水平和潜力以后,20世纪90年代后期,爱立信开始将中国的研发定位于服务全球市场。21世纪初期,公司关闭了一些全球研究组织并开始转移到中国。目前,爱立信的中国研究机构已成为公司全球研究力量的核心。

新发展

研发是组织创造未来机会的方式之一。企业开发新产品和新服务的组织方式对如何成功地选择未来至关重要。一般来说,尽管研发在组织里只是科学家和技术专家的职责范畴,但新产品和新服务的开发通常需要广泛的人员参与,包括设计、市场和经营等各类人员。这些专业人员能够帮助提出问题:为什么要采购这些东西?怎样购买?他们是否可以做?或者在什么成本下可以做?等等。

有许多工具能够帮助规划新产品和新服务,如"门径(Stage-gate)"管理系统,它在开发流程中控制着一系列的停/启决策检查点。这些工具用来帮助筛选竞争项目,并确保在项目的发展中配置好合适的资源。但是这些工具也有局限性,它们可能在管理开发新产品的流程中很有作用,但不会一开始就告诉你产品是否正确，它们可能变得非常程式化而扼杀了首创性。

为了克服官僚体制的僵化，一些组织也容忍一些"私下业务"，即允许员工花一部分时间做他们自己的项目。具有很高创新力的公司如谷歌和3M都鼓励个人创新，每周给员工1～2天自由的时间去做职责范围以外的工作，新创意因此层出不穷。

另一个克服组织束缚创新的做法称之为"臭鼬工厂"，这一方法最初由洛克希德（Lockheed）公司在冷战期间用来快速秘密地开发飞行器。这个术语通常是指在一个庞大组织内，一个小而紧凑的团队拥有相当大的自由权运作某个特殊的项目。

运行和生产

新产品和新服务的生产和交付方式在其自身的创新方面已取得长足的进步，例如，产品生产实现自动化，从输入到输出过程中采取了大量组织方式的创新。运行和生产的创新已经创造了大量市场巨大的、支付得起的且高质量的产品和服务，例如汽车、消费品、电子、超市和连锁酒店等。

组织运行和生产的主要原理之一就是亚当·斯密对劳动

力分工的分析。在读了亚当·斯密的论著以后,约舒亚·威治伍德认识到应怎样把从事特定工作的专业人员和蒸汽机新技术结合起来,以提高工厂的生产效率。斯密认为劳动分工受到市场规模的影响,当市场成长得足够大时,通过工种的细分,雇佣从事专门业务的专业人员而不是那些成本昂贵、技能全面的技工,就可获得更多的效益。他还注意到,专业化是劳动力分工的一个函数,所以工作分工越细,雇佣到专业人员的潜力就更大。

斯密解释了劳动力分工的效率带来的经济利益。当一个人专注于一个较小范围的任务时就能提高熟练度,并且能更准确、更迅速地完成任务,因为他不再需要从一个任务转向另一个任务,因此节省了时间。如果任务是有形和离散的,那么就可利用机器很容易地实现自动化,提高生产率。

为应对20世纪初期新兴巨大的汽车市场,亨利·福特利用专业分工和自动化原理开发了汽车装配生产线。福特的目标是对产品的生产过程采取比以前的手工艺制造方式更严格的管理控制。他的方法是,发展由大量标准化产品组成的大规模生产线,而构成这些标准产品的则是通用的零部件。福特从柯尔特兵工厂(Colt Armory)的枪支制造中学习到零件互换的价值,从酿酒厂、罐头食品厂和肉类包装厂那里学习到规模化生产,他把这些方法进行整合、提炼并简化,提高了流水线上的生产和质量标准。

亨利·福特的系统使劳动力进行分工和专业化,雇佣技能不高的或半技能化的工人来操作昂贵的零部件制造机器,而管理和设计是少数高技能专业人才的任务。原来由技术工人控制的工作继而被管理所取代,最大地发挥了机器的作用,从而大大加快了工作的节奏。由于机器非常昂贵,企业承受不起流水线停工的损失。为保证生产的顺利进行,系统还需要额外配备材料和人力资源。生产过程中的标准化设计应尽可能保持更长的周期,因为机器的改动成本很高。这样虽然能使消费者享受到低成本,但却牺牲了产品的多样性和可选择性。

福特面临着当年他的朋友爱迪生遇到的同样问题,即低技能重复劳动引起了工业界的争端。通用汽车公司总裁阿尔弗雷德·斯隆(Alfred Sloan)向福特说明了他的市场方法的局限性以及生产多样化汽车的好处,提出通用汽车公司的目标是要生产"满足不同钱包不同目的的人所需要的不同车型"。不过,真正的创新来自日本,它满足了生产效率和客户广泛的可选择性要求,又很好地发挥了技能的作用。

二战以后,丰田公司意识到要实现成为国际汽车制造商的目标,需要把美国规模化生产技术的效率和日本生产过程中的工艺质量控制进行很好的结合。那时日本当地的汽车市场还很小,需要发展各种车型的汽车,与美国相比生产技术是落后的,而且投资资金也短缺。加入工会的日本工厂的工人坚持保留他们自己的娴熟技能,不愿意像福特和爱迪生工厂里的互换零件那样,被认为是可变成本。丰田公司明白重复和令人厌烦的工作的危险性,这会造成工人身心疲劳或导致伤害,并逐渐减少回报效率。

1950年,丰田公司总裁丰田英二(Eiji Toyoda)在美国福特胭脂河工厂(Rouge factory)度过了三个月。令他非常吃惊的是,福特工厂一年的总产量是丰田公司前13年汽车生产总量的2.5倍。不过,尽管令人印象深刻,但丰田英二认为整个系统是非常浪费人力、材料和时间的。丰田公司支付不起这样的制造方式,即用专业如此细分的技术人员或非技术工人操作昂贵的用途单一的机器,并且还需要配备额外的物料和返工区。丰田英二的目标是要简化丰田的生产系统,把娴熟的技工优势同大规模生产技术相结合,但同时又能避免技术工人的高成本和工厂系统的刚性。最后,丰田公司发展了精益生产系统,在组织的各级层面雇佣技能全面的工人团队,同时利用高度柔性的自动化机器批量化生产出高度变化的产品。为避免缓冲库存区浪费资源，丰田的系统采用了"准时制"零部件配送系统。

丰田公司的员工都会留出时间讨论如何在"品质圈"里完善产品的生产流程。丰田公司每年有几千个品质圈，要完成几万个小的改进项目。品质圈通过与企业工程师合作，实现工作效能的持续改进。强调解决问题是每个员工工作和在职培训的重要部分，同时鼓励集体教育和自我发展。精益生产的成功改善了汽车设计和制造的整体系统，使得丰田成为一家其他生产企业参照比对的汽车制造商。丰田制造系统是技术和组织创新的结合，实现了规模经济和范畴经济的结合，即量产和多样化。

通过寻求创新将实施标准化的规模经济和范畴经济结合起来满足不同顾客的需求是一个持续的挑战。在许多情况下，最终目标是能够经济地生产出满足个性化市场的产品。丰田在自动化和新技术领域进行了持续投资，例如先进材料技术、计算机辅助设计与柔性计算机制造系统的集成技术等。同时，丰田还使用无人驾驶的供货车辆运送零部件，应用计算机控制的立体仓库储存物品。尽管丰田公司非常关注娴熟的技能并鼓励"品质圈"，但也有人对丰田的系统提出质疑，指出苛刻的工作节奏会对劳动者健康产生负面影响，甚至会抑制创新。所以，丰田制造系统的进一步发展将看它是否能同员工的接受度保持一致。

类似地，服务型组织也在它们的运行中寻求创新，打折航空公司易捷（easyJet）是"规模化客户"创新或者说是提供大规模个性化服务的一个例子。公司成立于1995年，租赁了两架飞机，使用电话订票系统。1997年，建立了网站，1999年，在线售出了第一百万张机票。到2005年，售出机票累计达1亿张。互联网的使用有效促进了业务的增长，巩固了其价格随时间变化的商业模式，即机票价格会根据你订票的提前量确定，也会随需求而变动。客户可进行高度个性化定制，如登机先后顺序、行李处理方式等，这样就使得飞机的使用更加优化。同时取消了售票柜台，降低了成本。易捷是欧洲最大的航空机票网络零售商，95%的机票都是在线销售，并且同时提供酒店和汽车租赁服务。公司的所有文件都存储在可全球访问的服务器上，并推出了一个桌面小工具，可个性化定制飞行信息和订票服务。

另外一个通过运行和使用客户数据获得创新的例子是乐购超市。乐购超市拥有1 300万名老客户，通过对25 000个产品进行单独分类，并对客户的购买行为进行数据挖掘，使用会员卡系统为每一位顾客创建一个"生活方式的DNA图谱"。这是一种组合的有特殊针对性的促销活动。1 300万名乐购俱乐部会员将每年4次收到专门为其按图谱定制的商品信息单及奖励优惠券。乐购制作了700多万种商品信息单,顾客的接受度比平均2%的直接营销方式高出10~25倍。这些数据还可确保当前和未来商店里的商品根据当地客户的需求进行销售。

网络和社区

爱迪生发展的电灯工业是一个在创新者网络中掀起技术系统创新的实例。许多创新都有众多合作者参与,从各个独立组织的立场来看,这种合作既有好处也有难点。好处在于可以获得自己不具备的知识、技能和资源,而难点在于组织间由于缺乏约束而不能确保别人能如你所愿。

对于一个有效的网络来说,其关键是建立高度信任的伙伴关系。在合作者的技术能力中信任是十分必要的,其中包括表达出各自期望的能力、保护知识产权的整体意识以及当出现差错时勇于承认错误的思想准备。合作通常开始于个人关系,但是个人关系会随着工作调换或者跳槽而中断。因此,应把这种个人间的信任扩展到组织间,合作的价值就在制度上变得根深蒂固了,即法律化、行政化并转变成文化。

在一些领域,例如开源软件,社区用户就是创新者。产品或服务的用户提供新的内容和改进办法。在许多这样的社区里尽管采取一种不受约束的参与方式,但需要有一定的组织形式。例如,维基百科创建了一个等级制度,对百科全书线上贡献者们的工作进行认定,质量或数量上的贡献达到很高级别的维基编辑者,将获得重要的社区地位。

组织在创新活动中使用 Web2.0 社交网站、维基和博客的技能越来越娴熟,例如他们利用社区网络分析系统,调查和追踪邮件通信,了解组织中关键个人和组织的节点,有助于完善决策。为了支持在所谓的"大规模多团体活动"中进行交流,组织采用虚拟世界技术例如"第二人生(Second life)",人们通过一个虚拟化身参与活动。这种新的组织方式引发出一些问题,如员工在上班的时候经常参与"游戏"是否合法化,另外还要有适当的激励和奖励措施,以及给玩家建立技能档案等问题。

项目

现代经济很大一部分由大型复杂的基础设施建设项目组成,例如通信网络、能源生产与配置、机场、铁路、公路等交通系统。这些项目通常需要花费几十亿美元的资金。在项目进行的不同阶段,需要协调大量的企业合理地配置技术和资源。这些项目通常因为超预算和延误而留给人们很坏的印象,例如，连接英国和法国之间的英吉利海峡隧道，预算超过80%。

伦敦希思罗机场第5航站楼（T5）是一个大型、高度复杂的项目，预算为43亿英镑，有2万多个组织参与了建设。作为项目的客户方以及机场的拥有者和运行者，英国机场集团（BAA）担任了监管工作，并承接了主要建筑工作，包括主要建筑物、运输系统、道路、铁路和地铁的连接线等建设任务。它的边上就是世界最繁忙、运输能力过剩的机场。第5航站楼的大小相当于伦敦的海德公园，每年客运量达3 000万人次。人们经常还记得该航站楼运行最初几天糟糕的境遇，英国航空公司竟放错了2万多件行李，取消了500多次航班。但这个项目本身的设计和建设是很成功的，预算准确而且准时完工。这一成功是因为掌握了一种管理大型复杂项目的好方法。

BAA从之前的项目中认真吸取经验，保证任何要用的技术在其他地方被验证过，新的方法在用到T5之前都需要在小项目上测试过，并且使用数字模拟、建模和可视化技术帮助设计集成和建设。确保T5项目成功的关键是客户、BAA和主要供应商之间签订的合同和工业上通常排他性的做法有很大的不同，它鼓励合作、信任和供应商责任。项目中的风险由BAA承担，工作由一级供应商组成的项目团队完成，并采取奖励机制来激励绩效好的团队。尽管整个项目所遵循的流程和程序都十分明确,但依然允许经理们在面对不可预测的问题时能够根据他们的经验进行灵活处理,这些问题在复杂项目中都不可避免地会遇到。

从 T5 项目中我们所学到的是:大型复杂项目的成功需要标准化、可反复性、周密计划和流程安排,同时还要有能够及时处理突发事件和问题的能力与技巧。项目组织就是要在完成计划和促进创新之间形成明智的平衡。

创新性人才和团队

正如爱迪生在门洛帕克所展示的那样,创新就是一个团队共同努力把不同的思想和专业技能聚集在一起。团队建设包括面临问题时能够作出最佳配置专业技能的决定,也包括决定组织记忆的比较价值。既要维持团队的稳定性,也要吸收新鲜血液,为团队带来新技术。长时间一起工作的团队易于变得内省,但不善于从外界吸收创新思想;新建立的或者有很多新员工的团队要学习怎样有效地一起工作,建立一种工作方法。团队的和谐有很多好处,但有时一些破坏性因素对创新很重要,就像牡蛎中的沙粒一样,提出一些难点问题或改变一些习惯做法。

团队的结构必须为目标服务。那些更多致力于激进式创新的团队在面对目标时需要更多的创造性和柔性,并能自由地对新兴的不可预见的潜在机会作出反应。这样的团队通常需要组织高层给予极大的支持,因为他们的目标不能很快地增加组织的盈利,于是就很容易遭受批评,并被压缩开支。在个人激励和团队激励之间必须找到一个平衡点,激励创新团队有效性的因素通常是主观的,它们与个人的职业满意度和认可度有关。而制约绩效的因素更多是客观造成的,如项目标的和资源限制等。正如爱迪生发现的那样,当用兴趣、报酬和合适的工作对员工进行激励时,员工就能更努力地工作。

创造性不仅在艾迪欧这样的设计公司里很重要,所有组织中的创新都依靠有创造性的个人和团队产生新的创意,它是激发所有工作的关键。在创新的激励下,当代许多组织把鼓励创造性作为发展和提高竞争力的核心。创造性使工作更有吸引力,能够提高员工的参与度和忠诚度,也是在"人才战争"中争夺高技术和流动性人才的制胜战略。

创造性既指个人也包括一个小组。心理学家告诉我们创造性人才具有什么特征,富有想象力的想法是怎样产生的,怎样才有不同思维并有能力看出联系和可能性。有人说,有创造性的人能容忍模棱两可,能接受矛盾性和复杂性。认知科学家如玛格丽特·博登(Margaret Boden)认为创造性是每个人都可以学会的,来自我们都具备的普通能力,也同样来自我们都渴望获得的专业实践知识。

组织投入大量时间和资源开展创造力培训,并且建立激励制度奖励个人的创造性。组织同样关注在小组中推广创造力,组建最佳团队,并组织实施过程。把小组不同的观点和知识收集到一起,对创造性是有价值的,对创新中的新融合是必不可少的。最近关于创造性的研究更多聚焦在激发创造性的组织和商业环境,以及与之相吻合的体系和战略方面。

当创造性的思想被成功应用时就称为有用的创新。创造性本身是鼓舞人心、令人兴奋和美妙的,但是只有当它被证明是一个创新时才有经济价值。在渐进式和激进式创新中会表现出不同的形式,渐进式创新通常包含一种更有结构性、精于管理和深思熟虑的创造形式,而激进式创新则要求创造性不受现有实际情况和行为方式的束缚。

人

领导者

即使领导者对组织的新发展尚无明确的想法,但是如果没有他们的允诺和鲜明的支持,组织是几乎不可能产生创新的。领导力的核心表现之一就是鼓励新创意的创造和实施。领导者提供资源支持创新,并且保护创新免受反对者的阻挠。当新创意影响到现状时,既得利益者不可避免地会出来反对,正如马基雅弗利(Machiavelli)在《君主论》一书中所说:

> "再也没有什么事比创造一个新秩序更难以谋划,更需要担当管理的风险了……每当敌对者有机会向创新者发动攻击时,都会从党派的偏见出发群起而攻之,而其他人对创新者的捍卫则是慢吞吞的。所以创新者和他的支持者都会遭到攻击。"

创新组织中的卓越领导者要学习的课程之一就是:领导者如何创造一个支持员工创新并能宽容失败的文化,就像爱迪生那样。1948年,3M的总裁威廉·麦克奈特(William McKnight)总结了几十年来公司创新战略的做法:

> 随着业务的增长,越来越需要授权给员工一定的责任,鼓励他们实践自己的创意,这就需要极大的宽容度。那些被委以一定权力和责任的人,如果他们很优秀,他们就想按照自己的方式开展工作。于是,错误就在所难免……当错误发生时,

有害的、批评式的管理方式将会抹杀创造力。重要的是,如果要继续保持增长,我们就需要有很多有创新力的人……

一位年轻经理所领导的项目失败了,他紧张地向亨利·福特递交辞呈,福特的反应是:他不会让任何一个人在用了他的金钱学习了一堂有价值的课程之后,去为他的竞争者工作。

经理

除了需要组织高层领导的支持以外,特殊的创新活动还需要有热情、有影响力的管理"拥护者"或支持者,他们能担当重要决策的责任。组织中创新的经理们不仅要善于管理团队、协调技术或设计上的问题、组织过程实施并作出决定,还需要善于宣传创新的好处、四处演说寻求支持,并且能描绘出组织的所作所为将会带来的愿景。

跨界人士

创新过程中另外一个最重要的角色是跨界人士,这个人善于沟通,能在组织内外搭建桥梁。在制造业的公司里,这个人通常是技术的把关者,他们通过阅读或参加各类会议和展览会等,广泛地获得各类信息,非常擅长把有用的信息分享给组织内有需要的部门。有时,组织对聘任跨界专家很难作出解释,他们的工作性质主要就是外出、参加会议、与不同的人进行交流等,坐在办公室和工作台前的员工对他们的工作有时不太理解,但是他们的角色对创新却非常有好处。

组织中的每一个人

3M公司最成功的创新之一是"即时贴"。这项创新的核心技术是"不粘胶",研发人员已对此项技术做了应有的认定,公司的市场部门却遭到很多抨击,认为没有人会买这个产品。公司也没有给提出项目潜力并积极支持发展的团队以足够的信任。在市场部拒绝了"即时贴"的创意后,研发人员把样品送到了公司总经理秘书处,秘书处很快看到产品的价值,最后总经理支持发展这个创意项目。

创新影响组织中的每一个人,一定程度上来说,或多或少它是每个人的责任。许多传统工艺技术(如工具制造)电脑化以后,提供了"去技能化"或"再技能化"的工作机会。因为有了数控机床,很多工人选择了"去技能化"的道路,但是后来学习了"再技能化"的技术以后,他们的工作就有了更多的自由权。这说明,如果给人们机会,人们就有能力去改变,并且对创新作出富有成效的积极反应。用爱迪生的话说,创新使他们享受到培养思考习惯的乐趣。正是由于这样的创新潜力,一些人把工厂车间称为创新的实验场。

鼓励创新的一个很重要的方法是采用奖励和认可程序。在很多组织里都设置有建议计划,例如 IBM、丰田这样的公司,有成千上万的创意都是从员工那里获得的。这些创意有些得到物质上的奖励,有些得到同行认可,其中最有效的认可方式就是创意得到了公司的采纳并实施。组织中的每一个个体都有产生创新思想并寻求实施的能力,这说明创新领导力不仅仅只是组织高层的责任。

各种类型的创新者在组织中都能得到最好的支持。组织对人力资源发展和培训的投入,吸引、奖励并留住了有天赋且不怕改变的员工,也安抚了那些害怕改变的员工。创新组织都设置了聘任程序、薪酬激励制度以及职业发展规划,以保证为创新提供合适的人员配备。尽管对一些在创新中取得成果的人需要进行鼓励和奖赏,但另一些能很好将创新成果付诸应用实践的人也需要给予不同方式的认可。还有一些人,他们仍然暂时地害怕创新,或者说至少害怕太多的变化,他们认为创新是种威胁,并因此承受着压力,结果就会表现不佳。一个创新组织的声誉对想进行创新的潜在的应聘者是很有吸引力的,负责挑选人员的部门应该审核不合格的岗位聘任,对于那些感觉不安的员工需要通过引入创新的基本方法给予支持和引导。

技术

20世纪60年代,琼·伍德沃德(Joan Woodward)对英国东南部的工厂的组织结构进行了研究,开始解释技术和组织机构之间的关系。她指出,无论产品是大批量还是小批量,是大规模的生产方式还是连续流程型工艺过程,组织结构都会因核心基础性技术的变化而变化。研究表明,组织结构技术决定论受限于组织可以选择不同结构方式的程度,琼·伍德沃德也赞同这一观点。不过,技术对组织的结构有很重要的影响,产业的组织方式和它们通过劳动分工从创新中获利的程度之间有着相互关系。若企业的产品和服务发生相当大的变化,生产和运营方式也会相应发生变化。

创新技术

爱迪生深知高质量的科学仪器的价值,一方面是所谓的"废弃物",即一大堆零杂古怪的机器,另一方面是大量不寻常的材料。正是这些设备和人工制品促进了创新。正如爱迪生的很多手绘图帮助他思考并使他能很好地与别人沟通思想一样,有形设计和原型制造的创作能够集中要点,并可使不同技能和观点的人建立起良好的沟通。在很多情况下,针对一些新兴领域,尤其是在设计领域,创新思想不断涌现,环环相扣,有机联系。

信息通讯技术使设计和跨界合作进入到一个数字世界,这样就可以实现爱迪生想要"快速廉价地把一个发明变成一个商业原型"的目标,而这样的技术爱迪生是无法想象的。

数字技术把设计和制造融合进"计算机辅助设计"和"计算机辅助制造"系统中,新产品设计的数字信息输入到生产的设备中,设计过程可由系统进行提示,哪些技术是能够实现制造的。因特网、局域网和公司的资源规划系统帮助组织将不同技能的人的不同工作结合在一起。

随着计算机技术的飞速发展,已开发出将不同数据集进行融合的软件,新的可视化技术在计算机游戏产业中也已得到广泛应用,这就产生了一种新的支持创新的技术,称之为"创新技术(IvT)"。之所以称为"创新技术",是因为它能帮助我们把创新过程中的不同要素结合在一起,把组织内外不同的输入相配合,就可以提高创新的速度和效率。创新技术包括:虚拟现实技术,用于帮助客户设计新产品和新服务;仿真和建模工具,用于大幅度提高设计的速度;E-science 或网格计算,用于在科学家和研究人员之间建立新的社区,帮助他们管理合作项目;复杂的数据挖掘技术,帮助了解客户并管理供应商;虚拟和快速成型技术,可有助于提高创新的速度。总而言之,这些技术可以把客户和科学研究者更有效地结合起来,共同作出创新的决策。

创新技术把实验和原型制造过程搬进数字世界,使公司的实验变得很廉价,而且可以"经常发现失败,早期发现失败"。创新技术在设计大型复杂系统方面也非常重要,例如公用事业、机场基础设施、通信系统,这些领域通常不可能去做一个完整的原型进行测试。

创新技术最重要的一个方面就是它可以支持知识的表达和可视化,并且可以在不同领域、不同学科、不同专业和"实践社区"之间进行沟通。举例来说,让我们来比较一下利用传统方法和创新技术来设计一栋新建筑的过程。使用创新技术使得来自不同部门的复杂数据、信息、观点甚至偏好可视化且容易被理解。虚拟的表达方式使建筑师能够看到他们最终的设计,也能帮助客户阐明自己的期望,他们在施工之前就能更好地了解新建筑看上去是什么样子,感觉怎样。客户可以在建造之前"穿行于"虚拟建筑之间,感受它的布局。创新技术也告诉承包商和施工部门一些细节和需求。监管人员,如消防检查人员,也可以更加容易地评估建筑物是否满足规范要求。创新技术能使创新过程中的不同参与者,如供应商和用户、承包商和分包商、系统集成者和零配件制造商等,在开发新产品和实施新服务时更加有效地结合在一起。

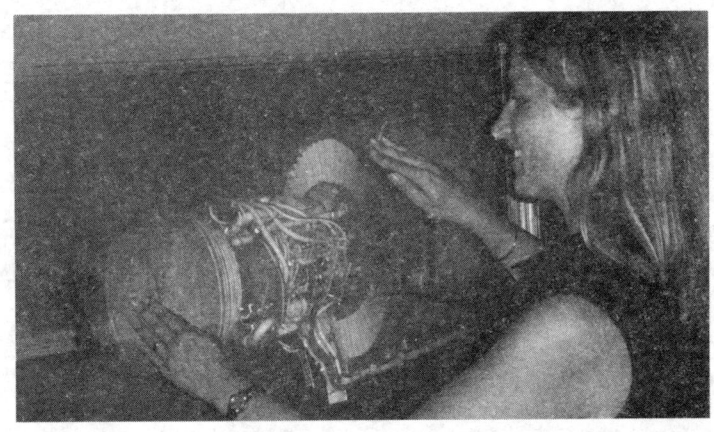

图10　工程和设计中越来越多地使用计算机可视化和虚拟现实工具

使用创新技术能产生一些引人注目的创新。2001年世贸中心事件中导致很多人死亡的原因是,当大楼中的人员都试图从消防逃生楼梯下楼时,却被上来的消防队员困住了。在纽约自由塔的建筑设计中,采用了极端事故下大楼人员逃生的新方式。通过计算机仿真和可视化技术,模拟紧急情况下大楼里人们的行为方式,使消防工程师相信:最安全的撤离方式是通过电梯。要把人们根深蒂固的安全逃生做法转变成使用"发生火灾时的专用电梯"的新观念,需要对大楼业主、入驻人员、工程师、建筑师、消防人员、消防管理员、保险公司等做大量的说服工作。要对这个颠覆性的改变形成共识,需要把各种复杂的绘图、数据等变成易懂的计算机图形。消防工程师应用了大量新的仿真和可视化技术,帮助大楼里各类人群转变对安全的理解,并且鼓励探索新的创新方法进行快速疏散。

第六章
创建一个更智慧的星球？

本书从工业革命初期一个创新的实例开始，以对未来前景进行初步探索来结束。对创新而言，挑战和机遇都是巨大的。除了能从创意中获得财富的新来源，创新对我们是否能够应对气候变化、提供更好的水和食物、改善健康和教育以及可持续地生产能源等都是至关重要的，对我们能否可持续地在这个日渐拥挤的星球上共存也是十分关键的。

未来我们将经历的创新过程会越来越复杂。创新经过了18世纪如约舒亚·威治伍德等企业家为代表的个体创新，19世纪的正规研发机构和20世纪中后期大公司专业的研发部门开展的组织创新，一直到今天由新技术支撑的多方共同参与的分散化网络创新。

未来创新的关键在于一个组织是否有能力去培养创造力，是否有能力在充分准备、信息完备以及良好沟通的基础上作出决策和选择。许多新创意的来源，如员工、企业家、研发部门、客户、供应商和大学等，会持续不断地提供创新机会。挑战就在于如何从中鼓励、挑选并配置最好的创意。为了进一步研究未来组织将会怎样应对这些挑战，我们再一次回到IBM的例子。IBM公司正在应用分散化创新过程为将来更进一步的发展做基础性的准备工作。我们之所以选择IBM，是因为与近期新成长起来的公司，如微软、丰田或更小一些的公司如艾迪欧等相比，IBM在转变自己的创新方式上有更长的历史。IBM一直在应对挑战，一些挑战是自发的，而另一些则是迫不得已的，IBM未来的生存如同它的过去一样，依然需要依靠创新。IBM为调整和适应新产品、新服务、新技术的需求及应对新挑战时，已经向我们展示了应如何改变创新过程。尽管我们无法预料它将来能否一定成功，但是IBM公司呈现了当代网络创新的一些方法，如支持和鼓励发展专业技术、构建内部和外部的联系以及在不确定形势下如何进行决策的方法等。

未来的思考:IBM 的案例

2006年,IBM举办了"大规模并行会议"或者说"即兴创新大讨论(Innovation Jam)"的活动。活动开设了一个门户网站,邀请全体员工将关于公司未来四大领域的金点子贴到网上,这是公司精挑细选并认为未来最具发展潜力的四大领域。结果收到了意想不到的效果,在两三天的时间里,150 000名员工、家庭成员、合作伙伴、客户以及来自104个国家的大学研究人员共提出了4万多条建议。"即兴创新大讨论"是个互动过程,经过了创意讨论、筛选、评估、打分等程序,后来项目减少到36个,最后剩下12个。IBM当时的创新技术负责人尼克·多诺弗里奥(Nick Donofrio)说,整个过程中能看到创意不断地突破、演化,或替代或改变,最后可能变成了和刚开始完全不一样的新东西。作为2006年这场"即兴大讨论"的结果,公司下拨了7 000万美元支持了10个新商业机会的开发,两年后其带来的收入达到了3亿美元。这个案例中,IBM使用互联网在大范围社区中挖掘了潜在创新者的创新思想。"ThinkPlace"也是IBM员工甄别、分享创新建议并能得到奖励的门户网站。通过这些途径,IBM发展了一个系统化吸纳创意、并且在大量创新的方案中作出选择的方式。

许多建议书都是来自公司20万名左右的科学家和工程师。为了鼓励科学和工程的创新，并更有力地保持与外界顶尖技术专家交流联系，IBM设立了"杰出工程师"和"IBM院士(IBM Fellow)"职位，约有650名公司内的专家获得殊荣。要成为"杰出工程师"，个人需要持续的发明和创新，并需要通过公司内外同行专家的评审。"IBM院士"是公司技术成就的最高荣誉，院士都有相当大的自由度从事自己研究领域的工作。这些荣誉的获得对职业发展是重要的动力，也是事业成功的标志。

作为持续建立专业技术能力的举措之一，IBM在1989年模仿美国国家科学院建立了IBM技术研究院，其目的是为IBM的管理层提供技术发展趋势、方向和问题等建议，促进IBM与全球技术社区的联系。研究院编写报告、组织年会，在提高对未来趋势的认知和知识分享等方面发挥着重要作用。

IBM公司对创新的寻求远远超过公司自身的范畴，它把自己定义为拥有无数个外部伙伴相关联的"创新生态"的一部分。这个"创新生态"包括独立的软件提供商、技术标准组织、大学、政府机构以及客户等。他们定期出版刊物——《创新展望》(Innovation Outlooks)，起到思维引领的作用，并帮助人们加入到对IBM发展和应用创新有贡献的社区之中。

2008年，IBM申请了4186项新的美国专利，比其他任何一个公司都要多。同时，作为反映其在创新社区中努力程度的指标，IBM宣布公司计划每年发表的创造发明和技术论文以50%的速度增长，即超过3000篇，并使它的研究成果可以免费获取。IBM开放了它的创新并为其他人提供了可供使用的知识产权，这就展示了公司的专业技术水平。同时，当其他一方开发互补的新产品和服务时，也可帮助公司拓展技术和市场的规模。

举个与客户互动的例子：IBM建立了一个客户技术咨询师系统（CTAs），这些咨询师通过与关键客户保持长期关系，为他们提供建议，并作为可信任的伙伴为其产业发展提供战略指导。IBM帮助客户在早期阶段形成新的重要投资，这样公司也可从中获得益处。

IBM希望引领新创意的发展，它提出"服务科学"的概念就是一个例子。"服务科学"的概念出现于2004年，它顺应了许多工业领域和市场正朝着复杂服务和系统的方向转变的现实。这个概念被相当一部分IBM的大客户和合作者认可，如英国航空航天系统公司（BAE Systems）和惠普。IBM也和学术界一起开展合作，自主研发科研项目，和大学一起主办研讨会，为公司提出的新的学科方向进行探索研究。IBM倡导的"服务科学、管理和工程(SSME)"等课程已被全球约400所大学采用。

IBM在众多潜在的创新机会中进行选择的方法之一是出自它的"新业务商机(EBO)"管理体系。EBO管理体系是IBM公司于2000年创建的,旨在提高公司开发如虚拟世界等新技术的能力和对新兴商业机会作出快速响应的能力。EBO通常用来管理分散化的经营业务,组成几个小团队,集中目标,能够实现快速的经济回报,从而证明新产品和新服务是有市场的。还有一些EBO项目具有很强的原创性,例如云计算,它是根据需要通过因特网提供大规模计算能力的一种技术,这样的项目则需要公司组织集中孵化。支持新创意最好的激励方式就是看到它们投入了实践应用。EBO管理获得了高层的大力支持,显示了IBM公司更系统化地追求完美的意愿。

IBM通过技术建立了广泛联合和进行决策的机制,为公司构建和支持创新过程的组织化体系提供了配套,这是IBM"智慧星球"战略的关键特征之一。

IBM的"智慧星球"战略

IBM的"智慧星球"战略于2008年启动。实施这个战略的意图是:在处理复杂和新的难题时,如能源、健康、环境等,需要很好地理解系统内部和系统之间的相互关系,而这依赖于性能监测和大量数据处理的能力。

"智慧星球"战略的一部分基础是利用包括手机在内的大量传感和监测设备所产生的数据。据IBM估算,地球上每人平均拥有10亿个晶体管,这足以说明这些设备普遍存在。无线射频识别器(RFID)就是这类设备的一个例子。RFID在管理供应链和物流系统方面提供了创新的方法,例如可以跟踪生肉从农场到商店的全过程,可以确保有新鲜的食物可供消费。

IBM的战略就是把这些传感器连接起来,允许系统和物体之间进行交流,构建众所周知的"物联网"。为了利用互联网建立发现问题和解决问题的智能化方法,就必须确定如何设计、配置和运行这些系统,需要运用超级计算机和云计算强大的分析能力。例如保险公司面对数百万的索赔申请需要进行类别的辨认,这时就需要进行数据挖掘和模式识别,或者警察需要从法医提供的证据中寻找相关性以判定犯罪的形态,他们的分析和判断能够使我们对系统的执行、演化方式以及更好的管理决策产生新的理解。使用创新技术,如仿真技术及其可视化,能够为决策者在面对更广泛的利益相关者作出选择的过程中提供支持。

"智慧星球"在能源、交通、健康等领域具有潜在应用价值。据 IBM 估计,由于目前尚无能力在电力供给和需求之间进行很好的管理和平衡,导致了美国每年大量的电力损耗,这些损耗的电力足以供给印度、德国和加拿大使用,由此可以看到能源供给方面面临的挑战是巨大的。若密集地部署各种仪器对电力系统进行计量和监控,通过创新就能优化能源的供给和需求。而创新的机遇就在于开发一个新的系统,这样所有状况都能实时地被感知和分析,包括家里的电表、输电网络一直到发电厂。这些"智能电网"可以帮助人们更好地决策,可以使能源供给更高效、更可靠,且更适应需求变化。

同样的问题在交通系统中也能看到。根据 IBM 的估算,美国每年因道路拥堵造成的损失达 800 亿美元,还包括超过 40 亿小时工作时间的流失、30 亿加仑的燃油浪费以及因此造成的大量二氧化碳排放。在交通系统中安装和使用各种检测设备的公共政策创新使得许多城市的交通状况得到改善。例如,在米兰,主要根据每台车辆的排污水平收取交通拥堵费。当车辆进入城市以后,摄像机将拍摄的信号即刻传入数据库,识别出车型和相关收费范围。斯德哥尔摩的智能交通系统是利用摄像机和激光,根据时间段的不同来识别和收费,这一措施使拥堵现象降低了 25%,排放降低了 12%。IBM 在开发斯德哥尔摩智能交通系统的过程中与300多个不同的组织一起开展工作，这足以看出所面临的问题的复杂程度。

另一个是关于中国城市中严重交通问题的解决案例。德国从事电子与工程的西门子公司与中国的科研人员合作开发了根据驾驶员手机自动提供的定位数据优化交通流量的方法。

"智慧星球"在健康领域应用的一个实例是IBM与谷歌健康（Google Health）和康体佳健康联盟（Continua Health Alliance）共同开展的一个项目，目标是创建远程医疗系统，允许个人和家庭根据医疗设备产生的数据流跟踪健康信息。RFID可用来确定医疗供应商的权威性，减少错误，提高与医疗规范和程序的相容性等。西门子用RFID跟踪外科手术中消毒纱布的数量，以防任何物品遗留在患者体内。使用RFID全程监控血液供应的温度，包括献血、细胞浓缩、储存和使用等过程。

城市在能源、交通、健康等领域将会面临许多挑战。1900年，全世界13%的人口居住在城市。到2007年，半数以上人口都居住在城市。2050年，城市人口的比例预期上升至70%，而那时世界的总人口将从现在的60亿人增至90亿人。对于城市规划者和当局来说，按照这样的方式，城市将承担全球75%的能源消耗和80%的温室气体排放的责任,这无疑是很困难的。

2009年IBM公司在柏林举办的"智慧城市高峰论坛"上,董事会主席兼CEO彭明盛先生(Sam Palmisano)宣布成立IBM商业分析研究中心,将聘请100位科学家开展城市系统的研究,这表明了IBM对城市问题的关注,决心在这一领域开拓服务产业。该中心采用了国际化、跨学科、跨组织的研究方式,这是我们解决当前一些紧迫的问题时所需要的新兴分布式合作的一个例子。

IBM称自己为全球集成企业,许多核心业务都在全球开展,但是它的服务更专注于当地市场的需求。公司拥有在全世界吸纳大量科学和专业技术的优势,同时其研发活动不仅只在美国或几个主要的全球中心。这次IBM将新的中心选址在柏林,就是希望配置好更贴近于市场的专业技术,尤其是更贴近于东欧的市场。

因此,德国中心的运作模式是将其作为一个分布式研究网络的路由器,与300多位德国的数学家、咨询顾问和软件专家保持密切的合作。它也连接着IBM的全球研究中心,以利用系统内外广泛的有着复杂相互作用的专业技术。中心的工作是开展联合,构建IBM的服务科学方法,使用创新技术创建和分析新的数学模型以及模拟城市系统的系统行为等。例如,若要弄清能源需求,仅考虑电动汽车不断增长的市场模型而不考虑潜在供电系统是不够的。

新的创新模式显示,没有任何一个组织有足够的能力可以单独并深入广泛地解决面临的城市系统问题,即使像 IBM 这样规模的企业也是如此。这也使人们意识到解决诸如人口增长、健康、能源和交通等问题需要在全球范围开展合作。

"智慧星球"战略在帮助解决这些问题时能否取得更大的成效,关键取决于能否解决那些重要的技术、组织、社会和政治问题。这需要简单的、稳健的、故障保护的技术系统,需要新的技能来分析数据、解释模型,并帮助人们在实时决策时提供见解。必须发展新的参与方式鼓励人们开发和推动创新工作。

IBM 的"智慧星球"是一个组织逐渐演变的战略,成功或失败尚没有定论。像所有的组织一样,IBM 在过去犯过错误,将来也会,我们还会看到这个战略将来是否实施和怎样实施。但是,"智慧星球"的概念令人憧憬,因为它在未来的创新中将发挥更大的作用,IBM 为未来的趋势提供了一些线索。IBM 公司还向我们展示了如何依靠各种知识人才实现网络化的创新、如何紧密地融入创新生态、如何由创造性的战略引导并通过技术实现推动的方法。"智慧星球"将使资源的使用更有效,也更高效,将在高度关联的机构中使用创新的组织方法、技术、创新流程和工作方式,能更好应对当前和未来出现的挑战。

更智慧的机构

政府

除了在第四章中描述的制定创新政策、鼓励创新的积累和流动以外,各国政府还需要开展高层次协作,包括国际的、区域的和本地区的合作。

利用创新解决当代社会的问题需要很多的资源和方法,超出了一个个独立的国家单独去号召和组织的能力。有一些挑战,例如控制温室气体排放,不能仅依靠自治的解决方案,必须拿到国际论坛上共同讨论。如何平衡好国家自身利益和国际共识的要求,将会增加创新政策的挑战。而且,由于社会福利和经济繁荣越来越依靠创造力和知识富有成效的应用,国家间的关系和差异就有深远的意义。随着发达国家在技术上、机构上以及组织方式上把那些不发达国家远远抛在身后,国家间存在的不平等现象就会变得更加突出。政府间机构必须监测并制定新的政策来应对任何可能出现的这类问题。

很多关于创新的重要决策并不是在国家层面上作出的，而是由实力不断增长的市政当局和地区政府作出的。为了吸引国内外的投资和人才，它们之间开始了强有力的相互竞争。国内政府间协作的专业知识对制定有效的创新政策也是非常重要的。

在许多国家，以前由公共部门拥有的能源、交通、通讯等领域的财产实现了私有化，这意味着政府失去了曾经用于提高创新的一个杠杆。取而代之的是，需要制定新的规章制度，并需要探索和拓展政府在支撑私有领域创新中的作用。随着公私合作伙伴关系的建立，政府在公共和私有领域的边界已变得模糊，政府的角色因此也更复杂。这种合作伙伴关系能够使双方获益，例如，可以获得资源投资于创新，否则可能难以获得。但是创新资产和知识的所有权、控制权将会采取不同的激励措施，可能会因此造成私人利益和公共利益关系的紧张。政府制定创新政策必须建立在对企业深入了解的基础上，既要了解政策的力量也要了解它的不足之处。

在政府服务领域，未来有巨大的创新机会。例如，利用计算机和互联网支持居家进行医疗诊断的远程医疗服务。在澳大利亚，远程医疗用来为偏远地区提供健康服务；在英国，老年病人得到了监控仪,这样他们就不必前往医院;在印度,偏远乡村安装了移动设备,通过电子方式连接到市区医院进行诊疗,这样贫穷的村民也能享受到之前从未享受过的高水平医疗。

作为政府对创新的贡献,在策划和实施我们所需的服务时可以采用新的技术方法提供更多的包容性,并让市民一起参与决策。例如,在建设新的健康中心之前先采用虚拟技术进行仿真,听取医疗专家和病人的建议,这样可以产生更好的设计。

政府在制定政策时,一个关键环节就是对那些将来能保持繁荣的领域进行创新投资的选择过程。没有一个国家有足够的资源在所有领域开展创新,需要权衡稀缺资源的竞争需求。政府必须建立更加成熟的选择方法,以保证更充足的资源投资于更广泛的领域,并且保持开放的选项,允许国家吸收其他地方提出的有用想法。"有所为有所不为"的排序必须要有企业、社会和环境的专家广泛参与讨论,并开展公众辩论,努力达成对未来的一致看法。

对政府而言,创新的重要性以及在构建必要联系以作出正确选择时遇到的困难,需要广泛而深入的创新政策研究能力。这些拓展了对整个政府机构创新本质和重要性的理解,有助于发展"整体性政府"(whole of government)的方法。更好地理解创新的贡献和困难将有助于更好地规避在公共服务领域中的风险。认识到公共政策广泛性、分散性和包容性的本质后,就需要更好地考量创新的方式,要从偏颇的通常是误导性的R&D投入指标和专利业绩中走出来,采用新的方法和技术。例如,可以采用社会网络分析方法,测量不断变化的连接模式。创新的政策制定还必须考虑到创新是一个持续面对挑战的过程,没有简单的解决方法,随着新问题的不断产生,政策也需要做相应的调整。

大学

为了更有效地对创新作出贡献,大学需要更好地鼓励知识交换和创意的内外流动。大学应该超越固有的知识产权保护、许可以及创建小企业这样的一种技术转移范式,拓展更多的合作机会,创新并转化新的教育和研究服务。大学的战略将是找到与企业、政府、社区等利益相关者合作的多种方式,并持续追求学术价值。大学将培养和聘用能够同科研、企业、政府以及与创新体系中不同主体以多种方式开展工作的人才,鼓励综合技能高的研究生进行流动,并增强对e-Science的使用。

几乎没有什么大学拥有足够的资源在所有的学科领域提

供全球化的服务，大部分得益于它们作出的选择和专业方向。有一些大学可能强调它们在地方特色上的优势，而另外一些可能更看重它们在全球研究和教育方面所处的地位。专注于一些特殊的领域并具备深厚的专业知识，可以吸引到最好的研究和企业合作伙伴，这种合作关系可以填补一些机构不愿涉足的技术领域。

大学一直以来还有一个角色就是生产科学和工程用的大型研究设备和工具，鼓励科学发现，鼓励人们在一些未知的领域进行探索，去发现其他人发现不了的事物，也许更多在设计和服务方式方面。大学在形成共同的标准方面也处于领先地位，可以帮助创新者在动态化的工业中开发新产品和新服务。

提供"演练空间（rehearsal space）"或合作实验室，使产业界、政府和社区能够在这个平台上进行深入持续地交流，碰撞出新的创意并进行试验，这也是大学支持创新所发挥的重要作用之一。尽管研究人员继续保持他们学术的独立性和严谨性，但是通过这些交流，很多人变得非常享受，因为作为分布式团队中的成员，他们探索了跨学科的领域，他们的工作也得到了社会和经济回报。大学在提供物理形态和组织结构方面已取得较大的成就，在学术地位和职业发展方面也有足够吸引力。因此，大学必须拓展更大的平台，探索更好的方法，以激励这样的合作模式。

企业

当经济和技术快速变化并且不太稳定时,公司接受并实施激进式和破坏式创意的能力价值会不断上升。在这样的环境下,最好的战略是实验验证、动态调整以及在利用现有创意和开拓新思想之间达成合理的平衡。同时,这些战略依赖于在人力资源和科学技术方面进行持续的投资。

"这确实是一个创新的方法,但我担心我们不能采纳它,因为之前从来没有人尝试过。"

图 11 创新的一些挑战会一直跟随着我们

用IBM前CEO郭士纳的话来说,创新需要深深植入组织的DNA中。正如我们在IBM案例中所看到的那样,作出卓越贡献的创新者和团队固然应受到奖励,但是每个人都应有创新的责任和机会。

在研发上持续投资并且提高吸收知识的能力仍然十分关键,就像在创新生态中知识代理和知识交易的能力也很重要一样,公司要与创意来源进行连接、需要与全世界的大学保持长久的伙伴关系、需要深深融入创新城市和区域中,并对支持创新的技术进行有效的管理。

当知识、观点、技能跨行业转移和融合,并制造出新的产品时,工业界之间传统的差别界限会变得模糊,创新生态的范围因此得到扩展。例如,因为设计了新的服务模式,制造业创造了许多新的价值。服务业和大学正以各种创新的方式合作,如IBM的SSME行动计划。在数字新媒体、娱乐、出版业等创意产业中,创新是成功的条件。例如,与手机行业紧密相关的新产品和新服务企业,它们的创新内容就十分关键。在资源类产业,如农业和采矿业,通过创新提高效率和提升产品质量,在水资源管理领域的创新也获得了非常广泛的应用。

公司在新的甚至是无意间的合作过程中,经常会有一些各种各样且意想不到的创意来源。

2008~2009全球金融危机对创新者和投资领域之间关系的影响需要花很多年才能完全了解清楚。毫无疑问，就短期而言，此次金融危机对创新会产生负面影响，金融和生产部门之间的长期信任关系需要重建。需要建立新的风险监管方式，对负有重大道德和责任性的决策进行监控，以提高对复杂创新过程的风险管理的能力。

中小型组织往往利用它们速度快、灵活性大和专注度高于较大的组织等优势，逐渐成为技术突破的先行者。相对大型上市公司而言，小公司更能承受不寻常的风险，而且由于不受大公司刚性组织方式的限制，它们更容易发展和尝试新的商业模式及流程。在新的创新网络和合作伙伴关系中，中小型组织将把它们的行动优势和大公司的优质资源相结合，如同IBM的EBO管理体系，大型组织要持续努力地去模拟那些小团队的创业环境。

正如爱迪生所指出的那样，创新的组织方式必须适合组织的目标。机会和运气固然能带来很多的回报，但通过漫无边际地搜寻创意并期待带来利益的方式，必须与组织的重点和方向相匹配。机会远远超过企业的承受能力，因此，企业必须针对使用的技术和投入的资源挑选出合适的重点，帮助企业做好这些选择的创新战略管理技能，将会成为企业最珍贵的财富。

更智慧的创新

和威治伍德时代一样,创新将来自创意的融合。但是这些创意分布极广,也许早已分散在全球各个地方,可以使用新技术增加创意的整合。威治伍德对创新的理解非常准确,创新就是把"供应方"的思想,如类似科学研究成果这样的创新来源,同市场需求紧密地结合起来。聪明的创新者专注于研究不断变化的消费模式和意义,以及消费者决定购买创新产品和服务的价值观及行为模式。这些模式受全球化影响,本质上是易变的。在挥霍性消费中成长的一代人,他们从来不关心产品的实际成本,这也许会被关注可持续发展的另外一类群体所鄙视。我们要认识到新技术的力量正依靠更多创新贡献者和用户社区的参与和支持。因此,我们就需要对所有人的动机、如何最有效地发挥利用他们的能力和观察力有一个积极的评价。

无论哪种规模和领域的公司,其创新战略都应超越工业时代那种有计划的、按部就班的工作模式以及使斯蒂芬妮·柯欧拉克产生发明的那种公司R&D实验室模式。创新战略必须要考虑到在意想不到的地方出现机会,而这些领域往往具有高度不确定性和复杂性。企业在合作中提高学习能力是其生存和发展的关键。过去企业使用的财务考量和账目报表比较有限,例如投资回报、股东季度报告等,必须要增补更有益于创新和组织恢复力的指标。例如,组织未来开展研究的价值取向是什么?探索和发展什么样的创新才能成为组织未来10~20年的主要支柱?怎样通过投资研发提高组织的学习能力?成为一个可信任的合作者、有道德的员工和可持续的生产者,应该拥有什么样的价值观?等等。

经济思维得益于方法的不断进化。把创新中的风险、不确定性和失败视为一般的规律,并且把我们从线性的、计划的模式转向开放的、新兴的、高度连接的系统。创意的价值和学习被认为是经济增长和繁荣最重要的驱动力。拓展科学、艺术、工程、社会科学、人文学和商业的跨界融合的重要性已被广泛认可,特别要强调在构建跨组织、跨专业和跨学科合作中的机制和技能。我们应关注完善关联性,关注创新系统的绩效和创新生态,这些创新生态可能形成不可想象的新融合:如人类学可能预示当地的能源生产和分布;哲学可能影响半导体电路设计;研究音乐可能影响金融服务的供给等等。

创新技术强化了创新能力。数以万亿的器件和传感器嵌入物质世界中,将会产生不可想象的大量数据,这些数据可以利用新的设计技术在虚拟世界中获得应用,从而创造和改善我们所需要的产品和服务,增加我们所需要的经验。

创新必须形成无损于环境或者改善环境的产品和服务。创新和可持续发展将会变成一枚硬币的两个方面。许多可持续发展的挑战都长期存在且没有完整的解决方案,如气候变化、水资源管理、转基因农业、废弃物处理、海洋生态保护和生物多样性丧失等,也都缺乏一组明确的备选方案,没有太大的空间可供试错。可持续发展的挑战在于这些实施主体之间存在着矛盾的心态,它们多采取应付的策略而不是要彻底解决。可以将创新研究中学到的知识用来处理这些长久性的问题,包括合作和连接的便利化、组织结构和管理;进行风险管理和选择评估;利用社交网络技术合作工具等。此外,创新技术的应用还有助于对决策的影响进行建模和仿真,通过可视化技术促进沟通,使不同的团体参与进来一起支持决策。

更智慧的个体

创新正改变着人们处事的方式,作为个人我们将如何应对?无论我们从事的职业是在私有领域还是公共领域,或是在社区组织中工作,或者仅作为公众的一员,在开展和实施创新中,我们怎样才能变得更聪明呢?在这个广泛联系的世界里,唯有提高我们的技术素养,才能提升我们的效率。但是,我们也必须更擅长激发创造性,善于适应变化和跨界交流,并且把创意付诸实践。我们也需要有直觉和判断、宽容心和责任感,我们还需要建立广泛的兴趣,对各种不同的文化背景有所体察。我们构思新创意、修补改造、功能测试、原型制作、实验演示、动手实践等能力都必须很好地协调。我们怀疑的态度和批判的能力要对诸如"这就是解决问题的方法"等提出质疑。还要有突出的表达能力,如"这是我们想要的方式"。我们将需要爱迪生实验室里工人们所经历的那种激励,但并不包括额外的加班和担心"死者的复活"。确实,随着知识创造财富,我们期待在丰富多样的工作场所中获得满意的工作。这有助于形成差异化,也符合我们的生活方式、家庭环境和选择的需要。

我们应该确保像斯蒂芬妮·柯欧拉克这样有卓越贡献的发明者和创新者能像当今体育明星和娱乐明星所获得的荣誉一样得到社会认可。

创新是一个永不停息的过程,成功和失败也不断地呈现出不确定性。它既可能带来威胁也可能带来回报,我们对此如何作出更好的响应取决于我们的思路有多开放。我们应该如何开展合作？我们准备接受风险的程度怎样？是否给不寻常的事情留有空间，是否准备好与思路不同的人一起共事等。创新也受组织文化和领导者素质的影响。领导者要认识到关注工作安全和容忍失败对创新十分重要，没有一个人能掌握所有答案，进步在于合作，声誉在于谦逊的表达和专业的服务。

创新的成果并不总是有利的，由此产生的后续结果通常不能预言。把铅加入汽油中可以解决发动机爆震的问题，但是对环境却带来灾难性的后遗症。沙利度胺能减轻孕妇早期呕吐的症状，却有可能引起孩子的残疾。从2008～2009年的全球金融危机能够很明显看到付诸的行动与后续的结果之间产生极其危险的差距。因为在引入金融创新时没有任何检查、平衡或考量它们后果的措施。对创新可能引起后果关注的人一定是渴望引进创新的人群中权力最高者。

个人大量的数据可被他人、公司和国家获得，这也增加了设计和管理创新的责任。信息使用和其他如基因领域的创新，需要深入考量伦理因素和高度透明的、有责任感的实践，也需要警示和相应的规范。仿真、建模和可视化技术为完善创新过程提供了非常多的机会。但是要真正用好这些技术，就必须借助于精通理论、熟悉各行各业的人所具有的技能和判断力。

创新需要人们成为知识面广、敏感度高且负责任的员工、客户、供应商、合作者、团队成员和市民。英特尔创始人安德鲁·格罗夫(Andrew Grove)说:"在我们这个不确定的世界里,只有偏执狂才能生存,而这种偏执使我们独具慧眼和见多识广,而不是多疑和惊恐不安,这种偏执将帮我们取得成功。"伊曼努尔·康德(Immanuel Kant)说过,科学是有组织的知识,智慧是有组织的生活。未来的创新将进一步削减利益流,从而使成本降低,这就有赖于对知识进行智慧的组织。

参考文献

W. Abernathy and J. Utterback, 'Patterns of Industrial Innovation', *Technology Review*, 80(7)(1978): 40–7.

N. Baldwin, *Edison: Inventing the Century* (New York: Hyperion Books, 1995).

W. Baumol, *The Free-Market Innovation Machine: Analyzing the Growth Miracle of Capitalism* (Princeton, NJ: Princeton University Press, 2002).

C. Bilton, *Management and Creativity: From Creative Industries to Creative Management* (Oxford: Blackwell, 2007).

M. Boden, *The Creative Mind: Myths and Mechanisms*, 2nd edn. (London: Rouledge, 2004).

T. Burns and G. Stalker, *The Management of Innovation* (London: Tavistock Publications, 1961).

H. Chesbrough, *Open Innovation: The New Imperative for Creating and Profiting from Technology* (Cambridge, MA.: Harvard Business School Press, 2003).

C. M. Christensen, *The Innovator's Dilemma: When New Technologies Cause Great Firms to Fail* (Boston, MA.: Harvard Business

School Press, 1997).

A. Davies, D. Gann, and T. Douglas, 'Innovation in Megaprojects: Systems Integration in Heathrow Terminal 5', *California Management Review*, 51(2)(2009): 101–25.

M. Dodgson, D. Gann, and A. Salter, "The Role of Technology in the Shift Towards Open Innovation: The Case of Procter & Gamble', *R&D Management*, 36(3)(2006): 333–46.

M. Dodgson, D. Gann, and A. Salter, ' "In case of Fire, Please Use the Elevator": Simulation Technology and organization in Fire Engineering', *Organization Science*, 18(5)(2007): 849–64.

M. Dodgson and L. Xue, 'Innovation in China', *Innovation: Management, Policy and Practice*, 11(1)(2009): 2–6.

G. Fairtlough, *Creative Compartments: A Design for Future Organisation* (London: Adamantine Press, 1994).

C. Freeman, *The Economics of Industrial Innovation*, 1st edn. (London: Pinter, 1974).

C. Freeman, *Technology Policy and Economic Performance: Lessons from Japan* (London: Pinter, 1987).

C. Freeman and C. Perez, 'Structural Crises of Adjustment: Business Cycles and Investment Behavior', in G. Dosi, C. Freeman, R. Nelson, G. Silverberg, and L. Soete (eds.), *Technical Change and Economic Theory* (London: Pinter, 1988).

D. Gann and M. Dodgson, Innovation Technology: *How New Technologies Are Chaning the Way We Innovate* (London: National Endowment for Science, Technology and the Arts, 2007).

L. Gerstner, *Who Says Elephants Can't Dance: Inside IBM's Historic Turnaround* (New York: Harper Business, 2002).

S. Gu and B. - A. Lundvall, 'China's Innovation System and the Move Toward Harmonious Growth and Endogenous innovation', *Innovation: Management, Policy and Practice*, 8(1–2)(2006): 1–26.

A. B. Hargadon, *How Breakthroughs Happen: The Surprising Truth about How Companies Innovate* (Cambridge, MA.: Harvard Business School Press, 2003).

C. Helfat, S. Finkelstein, W. Mitchell, M. Peteraf, H. Singh, D. Teece, and S. Winter, *Dynamic Capabilities: Understanding Strategic Change in Organizations* (Malden, MA: Blackwell, 2007).

R. Henderson and K. B. Clark, 'Architectual Innovation: The Reconfiguration of Existing Product Technologies and the Failure of Established Firms', *Administrative Science Quarterly*, 35(1) (1990): 9–30.

M. Josephson, *Edison* (London: Eyre and Spottiswoode, 1961).

C. Kerr, *The Uses of the University* (Cambridge, MA. : Harvard University Press, 1963).

R. K. Lester, *The Productive Edge* (New York: W. W. Norton & Co., 1998).

B. A. Lundvall (ed.), *National Innovation Systems: Towards a Theory of Innovation and Interactive Learning* (London: Pinter, 1992).

F. Malerba, *Setoral Systems of Innovation: Concepts, Issues and Analyses of Six Major Sectors in Europe* (Cambridge: Cambridge University Press, 2004).

K. Marx, *Capital*, Vol. 1 (Harmondsworth: Pelican, 1981).

A. Millard, *Edison and the Business of Innovation* (Baltimore, MD: Johns Hopkins University Press, 1990).

F. Miller, *Thomas A. Edison: The Authentic Life Story of the World's Greatest Inventor* (London: Stanley Paul, 1932).

R. Nelson and S. Winter, *An Evolutionary Theory of Economic Change* (Cambridge, MA. : Belknap Press, 1982).

R. Nelson (ed.) *National Innovation Systems: A comparative Analysis* (New York: Oxford University Press, 1993).

D. F. Noble, *Forces of Production: A Social History of Industrial Automation* (New York: Oxford University Press, 1986).

C. Paine, *Who killed the Electric Car?*, documentary film, Papercut Films (2006).

S. Palmisano, "*The Globally Integrated Enterprise*", *Foreign Affairs*, 85(3)(2006): 127–36.

J. Quinn, 'Interview with Stephanie Kwolek', American Heritage.

com, 18(3)(2003).

E. M. Rogers, *Diffusion of Innovations*, 4th edn. (New York: The Free Press, 1995).

R. Rothwell, C. Freeman, A. Horley, V. Jervis, Z. Robertson, and J. Townsend, ' SAPPHO Updated-Project SAPPHO, Phase II', *Research Policy*, (3)(1974): 258–91.

Royal Society, *Hidden Wealth: The Contribution of Science to Service Innovation* (London: Royal Society, 2009).

K, Sabbagh, *Twenty-First-Century Jet: The Making and Marketing of the Boeing 777* (New York: Scribner, 1996).

J. A. Schumpeter, *The Theory of Economic Development: An Inquiry into Profits, Capital, Credit, Interest and the Business Cycle* (Cambridge, MA. : Harvard University Press, 1934).

J. A. Schumpeter, *Capitalism, Socialism and Democracy* (London: George Allen & Unwin, 1942).

S. Smiles, *Josiah Wedgwood: His Personal History* (London: Read Books, 1894).

A. Smith, *An Inquiry into the Nature and Causes of the Wealth of Nations* (London: Ward, Lock and Tyler, 1812).

D. Stokes, *Pasteur's Quadrant: Basic Science and Technological Innovation* (Washington, DC: Brookings Institution Press, 1997).

D. J. Teece, 'Profiting from Technological Innovation: Implications for Integration, Collaboration, Licensing and Public Policy', *Research Policy*, 15(6)(1986): 285–305.

J. Uglow, *The Lunar Men: Five Friends Whose Curiosity Changed the World* (New York: Farrar, Straus and Giroux, 2002).

J. M. Utterback, *Mastering the Dynamics of Innovation: How Companies Can Seize Opportunities in the Face of Technological Change* (Boston, MA. : Harvard Business School Press, 1994).

R. Williams, *Retooling: A Historian Confronts Technological Change* (Cambridge, MA. : MIT Press, 2002).

J. Womack, D. Jones, and D. Roos, *The Machine that changed the world: The Story of Lean Production* (New York: Harper, 1991).

J. Woodward, *Industrial Organization: Theory and Practice* (London: Oxford University Press, 1965).

图示索引

图 1　约舒亚·威治伍德　3

图 2　约瑟夫·熊彼特　26

图 3　千禧桥,伦敦　40

图 4　IBM 360 系统计算机　52

图 5　斯蒂芬妮·柯欧拉克　62

图 6　巴斯德象限　76

图 7　《Nature》的论文　77

图 8　托马斯·爱迪生工厂员工参加的一场"演唱会"　107

图 9　"熄灯"卡通画,克利福德·K.贝里曼创作,1931　113

图 10　触摸灯　140

图 11　创新卡通画　158

关键词索引

adverse consequences 负面的结果　43
air transport industry 航空工业　41
analyses of innovation 创新分析
Apple 苹果　42,71,81,114
applied research 应用研究　59,60,75,77,117
automation 自动化　23,44,91,94,121

basic or pure research 基础研究或纯理论研究
Baumol, William 鲍莫尔,威廉
Bayh-Dole 拜杜法案　78
Bell Labs 贝尔实验室　117
Boeing 波音　67,68
Bohr, Niels 玻尔,尼尔斯
bootlegging 私下业务　121
Boulton, Matthew 博尔顿,马修
Boundary spanners 跨界人士　134
British Airport Authority(BAA)英国机场集团　129

broker connections 经纪人联系　87
bullet-proof vests 防弹衣　61
Bush, Vannevar 布什，万尼瓦尔
business 企业　12,20,25,29,30
Business Analytics Research Centre(IBM)商业分析研究中心　151
business schools 商学院　73

capitalism 资本主义　23,33,56
car industry 汽车工业　29,68,69
challenges of innovation 创新的挑战　20
China 中国　2,3,8,59,90
Cities 城市　10,49,80—82,92,93,149—152
Clark, Graeme 克拉克，格雷姆
Climate change 气候变化　142,163
collaboration 合作　2,4,8,9,14
　　business 企业　12,20,25,29,30
　　Edison, Thomas 爱迪生，托马斯
　　IBM　50—55,71,136,143—152,159
　　Japan 日本　29,30,53,59,69
　　networks and communities 网络和社区　127
　　open innovation 开放创新　9,119
　　universities 大学　21,28,49,51,55
communications 沟通　30,66,70,79,105
competition 竞争　5,11,18,21,22
complexity 复杂性　22,32,131,162
computers (*see also* internet; software) 计算机　17,19,30,31,42　　（同见互联网；软件）
congestion charges 拥堵费　149
coupling model 耦合模型

craftsmanship 手工艺 91,93,94,122
creativity and teamwork 创造性和团队合作
customers 客户 1,14,19,21,24

data processing 数据处理 50,148
definition of innovation 创新的定义
demand-pull model 需求拉动模型
design 设计 1,4—6,8,9,16
destructive, innovation as 破坏性，(参阅)作为破坏性的创新
digital technology (*see also* Internet) 数字技术 31,46,138 (同见互联网)
disruptive innovation 破坏式创新 17,35,43,118
division of labour 劳动分工 7,22,23,106,122,137
DNA 脱氧核糖核酸 77
DuPont 杜邦 35,61—64
dynamic capabilities theory 动态能力理论 32,33

easyJet 易捷 126
ecologies 生态 145,152,159,162,163
economic development 经济发展 25,33,55,71,98
Edison, Thomas 爱迪生，托马斯
efficiency 效率 6—8,19,22,24,29
electricity 电力 5,24,56,99,101
Emerging Business Opportunities (EBO) (IBM) 新业务商机 147
Employment and work 就业和工作 44
　　adverse effects 负面效应 23
　　bootlegging and skunkworks 私下业务和臭鼬工厂
　　challenges 挑战 18,20,32,38,50
　　creativity and teamwork 创造性和团队合作

division of labour 劳动分工　7,22,23,106,122
Edison, Thomas 爱迪生,托马斯
IBM　50—55,71,136,143—152,159
immigration 移民　83
organization 组织　7—9,13—22,25,26,29—36
quality control 质量控制　29,93,124
reward and recognition programmes 奖励与认可程序
Wedgwood, Josiah 威治伍德,约舒亚
work environment 工作环境　63
energy 能量
engineering 工程　18,24,30,39,41
entrepreneurs 企业家　9,25,33,55—57,72
environment 环境　20—22,32,33,38,39
Ericsson 爱立信　119,120
evolutionary economics 演化经济　32,33
experimental development 试验开发　60

failures 失败　16,20,33—35,37—42,45
fast-followers 快速的跟随者　36
fibre 纤维　61,63,64
financial crisis 金融危机　31,38,160,165
financial systems 金融体系
first-mover advantage 先行优势　36
flow of ideas 创意流动
Ford, Henry 福特,亨利
Frascati Manual 法域手册　59,60,75
Freeman, Christopher 弗里曼,克里斯托弗

Genentech 基因泰克　58,78
General Electric(GE) 通用电气公司　56,99
globalization 全球化　156,161

Google 谷歌　56,58,121,150
government 政府　1,12,14,19,21

health 健康　7,13,17,19,82
Heathrow Airport 希思罗机场　129
Hollerith, Herman 霍勒瑞斯, 赫尔曼
housing 住宅　90—94
human capital(*see also* employees)人力资本　24
（同见雇员）

IBM　50—55,71,136,143—152,159
IDEO 艾迪欧　114,115,131,143
incremental innovation 渐进式创新　89,132
India 印度　81,119,149,155
individuals, effect on(*see also* employment and work)个体
　32,48,86,136,142,163
（参阅）对个体的影响
（同见就业和工作）

industrial clusters 产业集群　12
industrialization 工业化　92—94
information, access to and use of 信息　22,24,30,33,46
（参阅）获取和使用信息
infrastructure 基础设施　1,12,14,20,37
'innovation Jam' '即兴创新大讨论'
innovation technology(IvT)创新技术　21,114,137—140
'innovator's dilemma' '创新者的困境'
Intel 英特尔　53,81,118,166
Intellectual property(*see also* patent)知识产权　9,22,46,53
（同见专利）
interests, threats to established 利益　8,20,25,46,50
（参阅）对固有的利益产生威胁

Internet 因特网 138,147

Japan 日本 29,30,53,59,69

Kerr, Clark 科尔,克拉克
Kevlar 芳纶 61,62,64,65
knowledge 知识 14,18,19,22,24
Kwolek, Stephanie 柯欧拉克,斯蒂芬妮

laboratories 实验室 21,26,48,49,51
leadership 领导力 43,84,133,136
lean production 精益生产 29,124,125

learning 学习 2,15,18,33,36
legal systems 法律体系 21
Lunar Men 月光社 8

machinery and equipment 机械装备 56
managers 经理们 21,130,134
market failure 市场失灵 85
market research 市场研究 27
Marshall, Alfred 马歇尔,阿尔弗雷德
Marx, Karl 马克思,卡尔
mass production 大规模生产 105,122,124
Massachusetts Institute of Technology(MIT) 麻省理工学院 28,73
mechanistic organizing 机械式组织
medical instruments 医疗器械 66
Menlo Park Laboratory 门洛帕克实验室 117
Microsoft 微软 36,53,56,143
Millennium Bridge, London 千禧桥,伦敦

models of innovation 创新模型　27—29
multi-factor productivity 多要素生产率(MFP)　45

national systems 国家体系　21,89
networks and communities 网络和社区
new developments 新发展　31,45,120,132

open innovation 开放创新　9,119
operations and production 运行和生产　121
organic organizing 有机式组织
organizational issues 组织结构问题

partnerships and joint ventures 伙伴和合资企业
Pasteur, Louis 巴斯德,路易斯
patents 专利　9,41,46,50,51
Perez, Carlota 佩雷斯,卡洛塔
polio vaccine 脊髓灰质炎疫苗　78
politics 政治　10,20,24,32,49
polymers 聚合物　48,61,63—65
Post-It Notes 即时贴　135
pottery 陶器　6,9
practical and functional innovation 可实践的和功能性的创新
predict and provide strategies 预见和提供战略
privatization 私有化　154
processes 工艺　6,9,28,44,60
Procter and Gamble 宝洁　119
products 产品　1—7,10—13,16—21,23,25

quality 质量　1,4,6,7,10

radical innovations 激进式创新　43,89,118,131,132

radio frequency identification(RFID) 无线射频识别器 148
rates of innovation and diffusion 创新扩散率
regions 区域 21,49,80,81,89
research and development(R&D) 研发 9,18,21,27,30
   China 中国 2,3,8,59,90
   IBM 50—55,71,136,143—152,159
   internal innovation 内部驱动的创新 49
   Japan 日本 29,30,53,59,69
   profitability 赢利能力 46,53
   structures 结构
reward and recognition programmes 奖励和认可程序 136
risk 风险 6,34,36,38,39
Rolls Royce 劳斯莱斯 68
Rothwell, Roy 罗茨韦尔,罗伊

Schumpeter, Joseph 熊彼特,约瑟夫
science and technology institutes 科学技术研究所 95,96
science push model 科学推动模型
services 服务 4,13,17—19,22,31
Silicon Valley 硅谷 21,73,80—82,89,118
simulation 仿真 139,141,148,155,163
Singapore 新加坡 67,95
Skill issues 技术问题 9,29
skunkworks 臭鼬工厂 21,121
Sleep apnea 睡眠窒息 66
Sloan, Alfred 斯隆,阿尔弗雷德
small businesses 小企业 58,69,86,95,97
Smart Planet strategy(IBM) 智慧星球战略
Smith, Adam 斯密,亚当
social and cultural factors 社会和文化因素 91
social networking 社交网络 54,79,163

software 软件 17,50,53,54,56
Sony 索尼 41,67,68
sources of innovation 创新来源 48,49,161
South Korea 韩国 59,90,95
specialization 专业化 23,81,122,123
Staffordshire Pottery 斯塔福德郡陶器 80
stage-gate systems 门径管理系统
steam power 蒸汽机 8,24,56,122
Stokes, Donald 斯托克斯,唐纳德
structures 结构 7,14,24,33,54
suppliers 供应商 8,17,21,29,30
sustainable development 可持续发展 98,161,163

Tabulating Machine Company 制表机器公司 50
Tax credits 税收抵扣 84
teaching 教育 13,19,24,45,49
technical colleges and institutes 技术学院和研究所
technical standards 技术标准 22,47,54,101,145

Technological determinism 技术决定论 137
technology and organization, relationship between 技术和组织结构

(参阅)技术和组织结构的关系
telemedicine 远程医疗 150,154
Tesco 乐购 126,127
Tesla, Nikola 特斯拉,尼古拉
theories of innovation 创新理论 32
thinking 思维 15,22,54,83,103
time dimension 时间维度 34,36
Toyota 丰田 68,69,92,94,123—126
transformational innovations 交通创新

transport 运输　6,10,17,46,80
trust 信任　20,57,80,88,97
typologies of innovation 创新分类　17

United States 美国　8,20,22—24,26,27
universities 大学　21,28,49,51,55
unpredictability 不可预见性　22
venture capitalists 风险投资　21,55,58,97
virtual reality 虚拟现实　31,139,140
visualization technologies 可视化技术　31,68,129,138,141

Watson, Thomas 沃森,托马斯
Watson Jr, Thomas 小沃森,托马斯
Wedgwood, Josiah 威治伍德,约舒亚
West Orange laboratory 西奥兰治实验室
Woodward, Joan 伍德沃德,琼
work (see also employment and work)工作　1,2,6—8,23
（同见就业与工作）